Milene Dutra da Silva
Barbara Celi Braga Camargo

EVOLUÇÃO DOS CONCEITOS FÍSICOS

Rua Clara Vendramin, 58 . Mossunguê . CEP 81200-170 . Curitiba . PR . Brasil
Fone: (41) 2106-4170
www.intersaberes.com
editora@intersaberes.com

Conselho editorial
Dr. Alexandre Coutinho Pagliarini
Drª. Elena Godoy
Dr. Neri dos Santos
Mª. Maria Lúcia Prado Sabatella

Editora-chefe
Lindsay Azambuja

Gerente editorial
Ariadne Nunes Wenger

Assistente editorial
Daniela Viroli Pereira Pinto

Preparação de originais
Letra & Língua Ltda.

Edição de texto
Arte e Texto
Camila Rosa

Capa
Débora Gipiela (*design*)
white snow, Login/Shutterstock
(imagem)

Projeto gráfico
Débora Gipiela (*design*)
Maxim Gaigul/Shutterstock (imagens)

Diagramação
Kátia Priscila Irokawa

***Designer* responsável**
Iná Trigo

Iconografia
Regina Claudia Cruz Prestes
Sandra Lopis da Silveira

Dados Internacionais de Catalogação na Publicação (CIP)
(Câmara Brasileira do Livro, SP, Brasil)

Silva, Milene Dutra da
    Evolução dos conceitos físicos / Milene Dutra da Silva, Barbara Celi Braga Camargo. – Curitiba, PR: Editora InterSaberes, 2024. – (Série universo da física)

    Bibliografia.
    ISBN 978-85-227-0695-2

    1. Física–Estudo e ensino I. Camargo, Barbara Celi Braga. II. Título. III. Série.

23-158008   CDD-530.7

Índices para catálogo sistemático:
1. Física : Estudo e ensino   530.7

Eliane de Freitas Leite - Bibliotecária - CRB 8/8415

1ª edição, 2024.

Foi feito o depósito legal.

Informamos que é de inteira responsabilidade das autoras a emissão de conceitos.

Nenhuma parte desta publicação poderá ser reproduzida por qualquer meio ou forma sem a prévia autorização da Editora InterSaberes.

A violação dos direitos autorais é crime estabelecido na Lei n. 9.610/1998 e punido pelo art. 184 do Código Penal.

Sumário

Prefácio 6
Apresentando a física como ciência viva 9
Como aproveitar ao máximo as descobertas da física 13

1 **Das concepções clássicas da Antiguidade às contribuições da química antiga** 17

   1.1 Os gregos com os átomos e o vazio: Leucipo, Epicuro e Demócrito 20
   1.2 Escola Pitagórica 25
   1.3 Influência de Aristóteles 30
   1.4 O átomo químico e o átomo de Dalton 34
   1.5 Hipóteses de Prout e Avogadro e a classificação dos elementos 45

2 **O sucesso e a queda do mecanicismo** 63

   2.1 Teoria cinética dos gases: o gás ideal e a distribuição de Maxwell-Boltzmann 65
   2.2 Evidências experimentais das distribuições moleculares 81
   2.3 O começo da queda: movimento aleatório e as contribuições de Einstein e Langevin 83
   2.4 Natureza da luz: discreta ou contínua 90
   2.5 A polêmica entre Newton e Huygens e os experimentos de Young e Fresnel 95

3 Quebras de paradigmas da física moderna 107

3.1 Eletromagnetismo clássico, ondas eletromagnéticas e a primeira unificação da física 108

3.2 Covariância das leis físicas como prerrogativa: embate entre a física newtoniana e o eletromagnetismo 115

3.3 Relatividade restrita como transformação real e base para o entendimento do espaço-tempo 122

3.4 Consequências da relatividade na forma de visão da natureza: massa e energia 125

3.5 Desconstrução do átomo 127

4 Novo paradigma: a física moderna 141

4.1 Os raios catódicos e a descoberta do elétron 150

4.2 Raios X 153

4.3 Radioatividade 156

4.4 O problema do corpo negro, a fórmula de Planck e o efeito fotoelétrico 159

4.5 Modelos atômicos: de Thomson a Bohr 162

5 O novo átomo e sua dinâmica 172

5.1 Postulados de Bohr e seu sucesso fenomenológico 174

5.2 As hipóteses de De Broglie e os experimentos que corroboram a onda-partícula 179

5.3 Mecânicas quânticas de Heisenberg e de Schrödinger: em busca de uma interpretação coerente 181
5.4 Mais sobre as mecânicas quânticas de Heisenberg e de Schrödinger 184
5.5 Ideia da mecânica quântica relativística: segunda grande unificação da física 187

6 Problemas atuais e a continuidade das quebras de paradigmas 197

6.1 Relatividade geral, buracos negros e ondas gravitacionais 200
6.2 Modelo-padrão e as partículas elementares: o novo atomismo 205
6.3 O sonho de Einstein na busca de uma teoria unificada: relatividade geral × modelo-padrão 207
6.4 Modelos para uma gravidade quântica: gravidade quântica de la00ço e o sonho das cordas 210
6.5 Matéria escura, energia escura, universos múltiplos e outros sonhos da física 212
6.6 Grandes tecnologias e novos mundos 216

É preciso continuar o percurso 232
Referências 234
Trajetórias atômicas comentadas 246
Gabarito magnético 253
Sobre as autoras 265

Prefácio

Caro leitor, você tem em mãos o livro da minha querida amiga, Milene. Eu a conheci quando ainda cursávamos juntos o curso de Licenciatura em Física na Universidade Federal do Paraná (UFPR). Na época, já graduada em Desenho Industrial pela mesma instituição, a professora, depois de atuar por anos como gerente de projetos na indústria moveleira, ensaiava ministrar aulas de Matemática e de Física em diversos locais espalhados em Curitiba.

Em 2007, quando decidiu ingressar no curso de Licenciatura em Física, já tinha uma carreira e uma profissão consolidada. Mas a formação em Física abriu portas para que a professora exercesse e expressasse com maestria sua vocação na área: concluiu o mestrado em 2015 e o doutorado em 2021, ambos relacionando temas aparentemente distintos: arte, ciência e o ensino de Física.

Será que foi a formação inicial em desenho industrial o que despertou sua paixão pela arte? Será que o curso de Física impulsionou conexões científicas a tantas distintas expressões humanas? Certo é que a Profa. Milene desenvolveu, no decorrer de sua formação, uma visão crítica e ampla que permitiu ver além: a Física se tornou um processo histórico decorrente das formas que nós, seres humanos, buscamos compreender o mundo.

Com essa visão ampla e interdisciplinar, a professora nos traz este livro – Evolução dos conceitos físicos – mostrando como os conceitos físicos chegaram ao entendimento que temos hoje. Afinal, a ciência passou – e passa – por um processo de construção dinâmico, que muda a cada **quebra de paradigma**! Thomas Kuhn, quando explorava essa forma que citamos, já compreendia que a ciência passava por **crises de paradigmas**: situações em que as formas tradicionais de pesquisa já não respondiam às novas perguntas.

Esses pontos, que a autora aponta como **pontos de inflexão**, são momentos estratégicos para refletirmos com ela sobre a construção da ciência. Esses pontos, localizados historicamente, trazem elementos da cultura humana da época. Afinal, a sabedoria trazida pelo avanço da ciência é expressão e expressa o ser humano de cada tempo histórico: aparece nos aspectos artísticos, nas construções locais, nas tecnologias utilizadas, nos imperativos filosóficos e na estruturação de outras áreas, como a matemática.

A professora nos apresenta essas expressões de maneira ímpar. Ensina-nos que não podemos julgar os eventos históricos no sentido de avaliá-los como certos ou errados, pertinentes ou não. Afinal, a antropologia nos mostra que as culturas não são ordenáveis em termos de melhores ou piores: são expressões diferentes da

realidade humana. Neste estudo histórico, aprenderemos que cada período da história da humanidade contribuiu fornecendo ideias, técnicas ou métodos de diferentes formas.

Aqui citamos a importância da matemática, da filosofia, da arte, da música, da arquitetura, da literatura e de tantas outras áreas. Embora hoje vivenciemos um mundo em que os conhecimentos estão cada vez mais especializados, o aprendizado humano sempre foi generalista: a filosofia não se diferenciava da ciência, que, por sua vez, não se diferenciava da arte. É por isso que muitos dos problemas filosóficos eram também relativos a questões científicas.

Explorar a história da ciência sob esse aspecto não é uma tarefa fácil, especialmente quando chegamos aos tempos contemporâneos. É por isso que a Profa. Milene convidou para contribuir nos últimos 3 capítulos, a Profa. Bárbara C. B. Camargo, doutora em Física. Uma pesquisadora jovem dedicada à área de astrofísica e com formação internacional na Alemanha, que discute com a autora elementos da Física de ponta, dialogando sobre as mudanças ocorridas nos últimos dois séculos.

Aproveite a leitura e a oportunidade para crescer em sua formação enquanto interessado nos processos evolutivos da história da Física!

Prof. Dr. Guilherme Augusto Pianezzer

Apresentando a física como ciência viva

Com satisfação apresentamos a obra *Evolução dos conceitos físicos*, um resumo necessário sobre o desenvolvimento da ciência desde a Antiguidade até os nossos dias sob o ponto de vista da epistemologia.

Entendemos a obra como necessária, pois estamos falando da evolução da ciência, um tema atual e que se reconfigura cotidianamente.

O projeto é ousado. Escrever sobre um tema tão rico e que envolve tantas possibilidades exigiu das autoras um exercício de síntese e a capacidade de fazer escolhas. Essa seleção dos períodos históricos e dos autores citados como fonte se fez com base na perspectiva epistemológica adotada como fio condutor.

Tivemos como objetivo principal que o nosso leitor conheça o processo evolutivo da ciência sob um viés que desconstrua uma visão artificial e utilitarista. Buscamos demonstrar, por meio de uma seleção cuidadosa de exemplos da história, a vinculação da construção da ciência com as questões sociais, econômicas e culturais de cada momento.

Neste percurso, apresentamos uma ciência viva, feita por pesquisadores que enfrentaram dificuldades e limites técnicos, e que se pautaram pelos questionamentos que a ciência, e em especial a física, enfrentou.

O livro foi escrito para atender a dois públicos distintos. O primeiro é o estudante dos cursos de formação científica, como as licenciaturas e bacharelados em Química, Física, Matemática e Estatística. São os profissionais em formação inicial que muito em breve estarão construindo com seus alunos formas de pensar cientificamente o mundo.

Outro público que nos é igualmente caro são as pessoas que optam por entender um pouco mais sobre esse processo, seja por perceberem o quanto a sociedade atual é pautada na ciência e na tecnologia, seja por terem o sofisticado gosto pelo conhecimento.

Foi com muita dedicação que planejamos este livro para que sua leitura seja agradável e instrutiva.

A abordagem epistemológica nos permitiu passear pela história revendo as principais descobertas para, então, interpretarmos o significado delas para o processo de construção da física.

Com o objetivo de discutir o processo de construção da física tanto na filosofia grega quanto na química antiga, no Capítulo 1, apresentamos um breve resumo da contribuição dos gregos com a filosofia natural, como o início de um pensamento racional em lugar da mitologia.

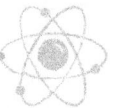

Também abordamos o início da química no século XVIII como exemplo de sobreposição da ciência às suposições da alquimia.

No Capítulo 2, há um resumo de uns 200 anos de ciência, pois temos por objetivo conhecer o mecanicismo como prerrogativa da física com seus sucessos e fracassos. Assim, abordamos desde o sucesso do determinismo estabelecido pela física clássica newtoniana até o momento em que a teoria da relatividade foi apresentada ao mundo. Nesse percurso, salientamos as contribuições de L. Boltzman e, posteriormente, de P. Langevin, entre outros grandes cientistas.

Para discutirmos a reconstrução da física a partir dos novos paradigmas, após o surgimento da física moderna, no Capítulo 3, abordamos o sucesso do eletromagnetismo como uma primeira unificação da física. O eletromagnetismo é uma área que sempre pretendeu explicar os fenômenos da natureza de maneira elegante e eficaz, tendo nas equações de Maxwell um exemplo disso.

Um momento especial da evolução da física é abordado no Capítulo 4, no qual temos por objetivo construir epistemologicamente a nova física do século XX. Sabemos que a virada do século XX trouxe consigo novos desafios e novas interpretações que abalaram os sólidos pilares nos quais a ciência se apoiava. Para entender a complexidade desse momento, trazemos para a discussão a teoria epistemológica de Thomas Kuhn como argumento que nos auxilia a interpretar as questões postas.

No Capítulo 5, discutimos a mecânica quântica do ponto de vista epistemológico e, para tanto, temos a oportunidade de explorar alguns conceitos da física moderna desenvolvida no século XX e acompanhar o processo que os cientistas percorreram para entender a natureza da matéria, objeto de estudo da mecânica quântica.

Finalmente, no Capítulo 6, chegamos juntos à chamada *física de fronteira*. Como dissemos inicialmente, vivemos em uma sociedade altamente tecnológica, assim sendo, é fácil concluir que a física desenvolvida na segunda metade do século XX e atualmente no século XXI seria suficiente para um novo livro.

Desse período, selecionamos alguns questionamentos fundamentais com o objetivo de que nosso leitor acompanhe a diferença de abordagem epistemológica que as questões científicas recebem atualmente. São explorados novos limites e aceitas novas formas de validação.

Convidamos você para passar pela história da ciência na intenção de construirmos uma educação científica transformadora que apresenta a evolução dos conceitos físicos como uma conquista coletiva e cultural da humanidade.

Como aproveitar ao máximo as descobertas da física

Empregamos nesta obra recursos que visam enriquecer seu aprendizado, facilitar a compreensão dos conteúdos e tornar a leitura mais dinâmica. Conheça a seguir cada uma dessas ferramentas e saiba como elas estão distribuídas no decorrer deste livro para bem aproveitá-las.

Delimitando o percurso evolutivo

Logo na abertura do capítulo, informamos os temas de estudo e os objetivos de aprendizagem que serão nele abrangidos, fazendo considerações preliminares sobre as temáticas em foco.

Epistemologia física em tópicos

Ao final de cada capítulo, relacionamos as principais informações nele abordadas a fim de que você avalie as conclusões a que chegou, confirmando-as ou redefinindo-as.

Elementos em teste

Apresentamos estas questões objetivas para que você verifique o grau de assimilação dos conceitos examinados, motivando-se a progredir em seus estudos.

Postulados críticos em análise

Aqui apresentamos questões que aproximam conhecimentos teóricos e práticos a fim de que você analise criticamente determinado assunto.

Física cultural em foco

Para ampliar seu repertório, indicamos conteúdos de diferentes naturezas que ensejam a reflexão sobre os assuntos estudados e contribuem para seu processo de aprendizagem.

Trajetórias atômicas comentadas

Nesta seção, comentamos algumas obras de referência para o estudo dos temas examinados ao longo do livro.

Trajetórias atômicas comentadas

ABALADA, P.; GUERRA, A. Brasileiros e brasileiras e o eclipse de Sobral de 1919: um olhar a partir da história cultural da ciência. In: SEMINÁRIO NACIONAL DE HISTÓRIA DA CIÊNCIA E DA TECNOLOGIA, 17., 2020, Rio de Janeiro. **Anais...** Disponível em: <https://www.17snhct.sbhc.org.br/resources/anais/11/snhct2020/1595256255_ARQUIVO_3d235d67e6c1ef92db6bff55df9b484e.pdf>. Acesso em: 12 ago. 2023.

Comentamos brevemente sobre a vinda de Albert Einstein ao Brasil e sua participação no eclipse Solar de Sobral. Nesse artigo ora indicado, há o aprofundamento sobre o tema no ponto de vista do Brasil. A professora Andreia Guerra, uma das autoras, é uma defensora do ensino de Física sob a perspectiva histórico-cultural da ciência.

BLAINEY, G. **Uma breve história do mundo**. São Paulo: Fundamento Educacional, 2008.

O Capítulo 26 descreve de forma leve, porém fiel e repleta de exemplos, as modificações que a força do vapor trouxe para o mundo do comércio, dos transportes e do cotidiano das famílias. O Capítulo 31 da obra retrata com muita delicadeza a vida antes e

Das concepções clássicas da Antiguidade às contribuições da química antiga

Milene Dutra da Silva

1

> *"Nos mesmos rios entramos e não entramos,
> somos e não somos."*
> (Heráclito de Éfeso[*], 1973, p. 90)

> *"É apenas sobre a vida e a necessidade de entender
> que muitas coisas na vida não duram."*
> (Andy Goldworthy[**], citado por Artnet,
> 2023, tradução nossa)

Pode ser difícil para um leitor do século XXI, que tem seu cotidiano tão entremeado com as tecnologias digitais, reconhecer como as ideias desenvolvidas na Idade Antiga permeiam a construção do conhecimento humano.

No entanto, basta citarmos a contribuição dos gregos, por exemplo, para identificarmos uma linha condutora que pode relacionar a nossa forma de ver o mundo com a das civilizações antigas: a curiosidade – ou seja, a vontade humana de aprender e poder explicar como e por que as coisas são da forma como são.

---

[*] Heráclito, ou Heráclito de Éfeso, foi um filósofo pré-socrático considerado o "Pai da dialética" em 540 a.C.

[**] Artista britânico contemporâneo representante da arte ambiental.

Figura 1.1 – *Le savoir*, de René Magritte

MAGRITTE, René. **Le savoir**. 1961. Guache, colagem, carvão sobre papel: 26 × 33,3 cm. Coleção privada.

    É a partir desses questionamentos fundamentais que o conhecimento filosófico e científico foi sendo elaborado, e, durante o longo período que nos separa de nossos antepassados, o conhecimento se estruturou.

    Neste capítulo, vamos revisitar alguns desses elementos, nomes e lugares para discutirmos o processo de construção da física tanto na filosofia grega quanto na química antiga.

1.1 Os gregos com os átomos e o vazio: Leucipo, Epicuro e Demócrito

A compreensão do que aconteceu em tempos remotos aos que vivemos não é tarefa fácil; e um dos maiores equívocos que alguém pode cometer no que diz respeito à historiografia é julgar eventos históricos com a intenção de avaliá-los como certos ou errados, pertinentes ou não.

No caso da reconstituição dos saberes próprios da civilização grega antiga, como o pensamento pré-socrático, precisamos nos atentar para o fato de que esse processo foi feito de maneira indireta (Zaterka, 2006). Assim, a maior parte do que sabemos hoje foi repassada por outros autores, e não por aqueles que de fato propuseram as teorias às quais nos referimos.

A chamada *filosofia natural* foi construída em um período em que a ciência não era um *corpus* de conhecimento específico; e os estudiosos que se dedicavam à busca do conhecimento eram chamados de *filósofos*, como nos lembra Zaterka (2006, p. 330): "na época antiga, de fato até início do século XIX, a filosofia não se diferenciava da ciência; assim, no limite, muitos dos problemas filosóficos eram também relativos a questões científicas".

E quais eram esses problemas? A compreensão da natureza em sua ordem, na sua formação e em suas características peculiares, como equilíbrio e estabilidade. Do que são feitas as coisas? Há um princípio que rege essa unidade visível? Conforme afirma Zaterka (2006, p. 330), um dos principais problemas cuja solução foi buscada pelos filósofos antigos pode ser compreendido da seguinte forma:

> Podemos considerar a Natureza inteira um único ser, uma unidade sempre idêntica a si mesma? Como então explicar que nela as coisas são múltiplas, estão em movimento, nascem e morrem, enfim, se transformam? Em outras palavras, como podemos acreditar que a Natureza, para além de sua complexidade, multiplicidade e diferença, possui uma ordem que pode ser conhecida por meio de elementos simples que sejam imutáveis?

Perceba que estes não são questionamentos triviais, mas que, permitindo-nos o direito de uma enorme simplificação, podemos dizer que foi essa a natureza de reflexão que, com Demócrito (470 a.C.-380 a.C.) e

Leucipo (460 a.C.-370 a.C.), conduziu às primeiras teorias em torno da existência de um ente indivisível, princípio formador de todas as coisas.

Segundo Porto (2013, p. 4602):

A solução proposta por Leucipo e levada adiante por Demócrito consistiu em conciliar a possibilidade das mudanças perceptíveis por nossos sentidos com a existência de algo que permanece inalterado e, por conseguinte, faz jus à designação de *ser*. Para Leucipo e Demócrito, o mundo material é composto de infinitos entes minúsculos, incriáveis e indestrutíveis, denominados átomos, que se movem incessantemente por um vazio e não possuem outras propriedades além de tamanho e forma geométrica. Nessa concepção, os objetos que se colocam diante de nossos sentidos são, na realidade, formados pela combinação de muitos desses átomos.

As ideias anteriores a Demócrito e Leucipo estavam relacionadas aos elementos considerados primordiais existentes na natureza: ar, água, fogo e terra.

Figura 1.2 – Esquema ilustrativo dos elementos da natureza como princípio a partir do qual toda a natureza seria formada

Fonte: Elaborado com base em Zarteka, 2006.

Observe que dessas ideias surgiu a teoria de Anaximandro, que postula o *ápeiron* como um importante passo em termos de pensamento científico, mesmo entendendo que o termo *científico* aplicado dessa forma não tenha o mesmo significado de ciência usado hoje. Mas este é justamente o questionamento que nos move neste texto: discutirmos a evolução do pensamento humano sobre o mundo natural.

Anaxímenes foi capaz de observar que a "transformação e ordenação do mundo se fazem por alterações quantitativas em um único princípio", o qual, para ele, seria o ar (Chaui, 2002, p. 64).

Anaximandro, ao discutir as concepções de Anaxímenes, propõe a ideia de algo que não pode estar limitado às sensações e percepções humanas: o *ápeiron*, que seria algo ilimitado, sem começo e sem fim. Essa ideia não convergia com a de seus contemporâneos, que buscavam na natureza uma explicação. Para Anaximandro, justamente por ser indefinido, indeterminado, é que o *ápeiron* poderia conter o princípio de tudo.

Essa é uma ideia desconfortável filosoficamente, uma vez que, se decorremos da indeterminação, como justificar a relação de ordem observada na natureza?

A teoria que chamamos de *atomismo grego* buscava responder a uma questão que lhes era central em torno do "caráter mutável do nosso mundo" e conseguir conciliar essa ideia com teorias que envolvem o vazio, entendido como um "não ser".

O mundo perceptível é mutável e, retomando a concepção oferecida por Leucipo e Demócrito,

> o mundo material é composto de infinitos entes minúsculos, incriáveis e indestrutíveis, denominados átomos, que se movem incessantemente por um vazio e não possuem outras propriedades além de tamanho e forma geométrica. Nessa concepção, os objetos que

se colocam diante de nossos sentidos são, na realidade, formados pela combinação de muitos desses átomos. (Porto, 2013, p. 4602)

Assim, todos os objetos seriam compostos pelos átomos, que são geometricamente iguais entre si e que, rearranjados mecanicamente, formariam diferentes composições, surgindo, dessa forma, o vazio necessário para haver o movimento. Uma ideia surpreendentemente arrojada que permaneceu por mais de cinco séculos e que foi retomada no início da Idade Média.

Outra teoria a dar vazão a ideias de abstração em torno do princípio fundamental foi a de Pitágoras (século VI a.C.).

1.2 Escola Pitagórica

Consideramos como Escola Pitagórica a corrente que tem o pensamento de Pitágoras como central, mas da qual fizeram parte seus discípulos e seguidores. Para esse grupo, era o número o princípio de tudo, e, a fim de buscarmos compreender essa ideia, precisamos primeiro nos desprender da ideia de número que temos hoje: o número como um ente matemático que serve para fazer cálculos, contar o dinheiro, ou quantificar algo, como a massa de um objeto.

Para os pitagóricos o número possui um caráter ontológico (como um ser), o que pode ser compreendido ao interpretarmos a seguinte explicação dada por

Aristóteles (Metafísica, A 5, 985b23-986a3, citado por Zaterka, 2006, p. 334-335):

> os pitagóricos por primeiro aplicaram-se às matemáticas e fizeram-nas progredir, e, nutridos por elas, acreditaram que os princípios delas fossem os princípios de todos os seres. E, posto que nas matemáticas os números são, por sua natureza, os primeiros princípios e justamente nos números eles afirmavam ver, mais que no fogo, na terra e na água, muitas semelhanças com as coisas que são e se geram [...].

Atualmente, em especial para os "não matemáticos", pode parecer um pouco distante essa ideia aprofundada de número como um ser que pode gerar e constituir os demais elementos materiais. Contudo, nesse processo, a Escola Pitagórica voltou-se para a compreensão do equilíbrio e da harmonia existente na natureza, tendo participado de exercícios espirituais que buscavam a purificação e a elevação da alma, feitos ao som da lira órfica ou da lira de quatro cordas (Zaterka, 2006).

Figura 1.3 – Lira órfica

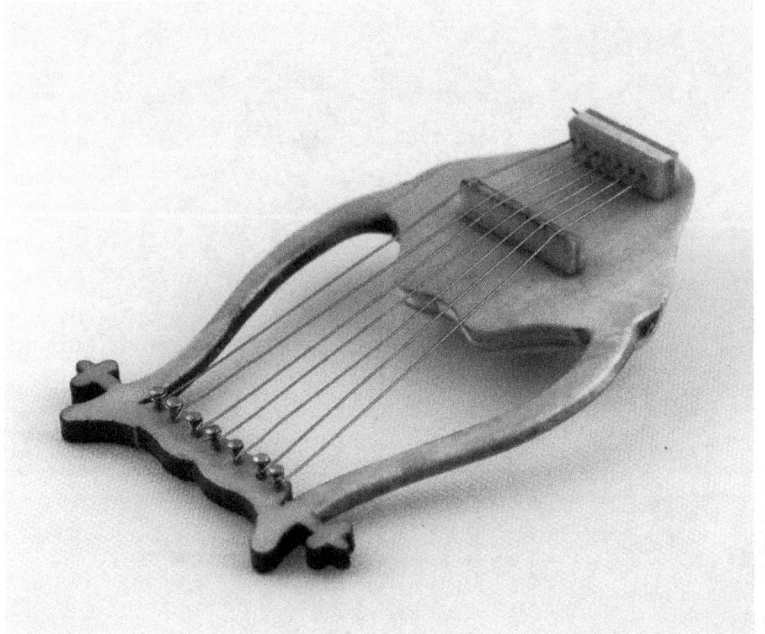

A música, a proporção, o ritmo, as sequências, os períodos do ano, o fluxo da vida podem ser todos compreendidos como decorrentes de relações numéricas e que, portanto, são ordenados e transformados pelo número.

Essa percepção de razão, proporção e equilíbrio fica muito nítida em elementos que ainda permanecem na nossa cultura, tais como exemplares da arquitetura grega, da escultura ou da música.

Figura 1.4 – Templo grego antigo (A) e templo contemporâneo (B)

Figura 1.5 – Universidade Federal do Paraná: arquitetura do século XX inspirada no estilo grego

MARIATHOMAZI/Shutterstock

Figura 1.6 – Colunas jônica, dórica e coríntia

SvetlanaARTdreams/Shutterstock

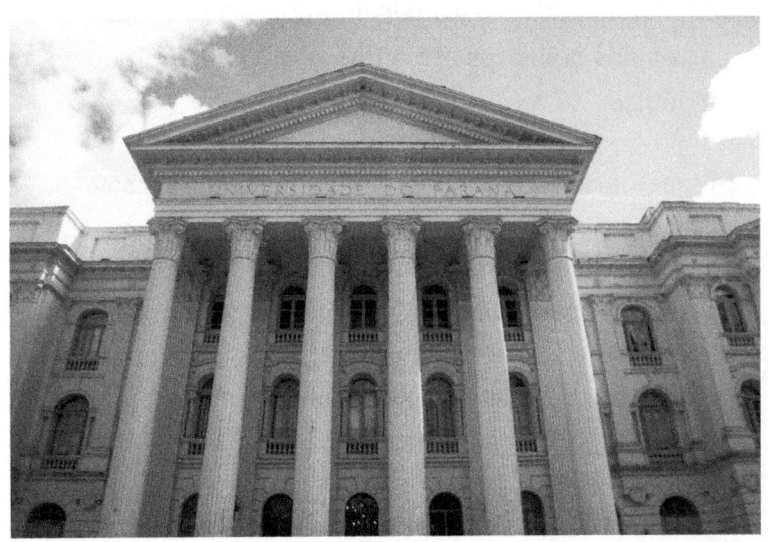

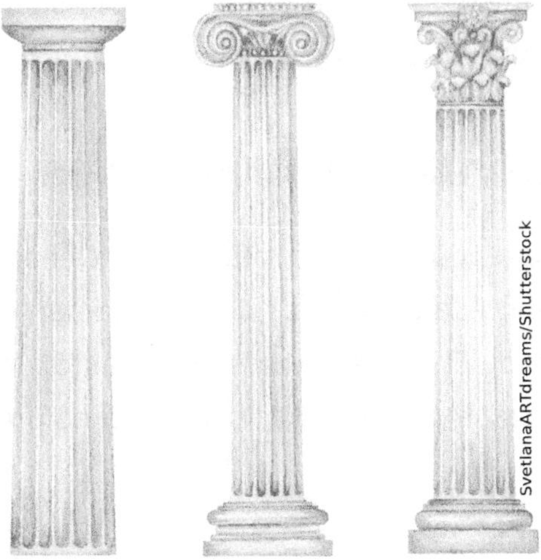

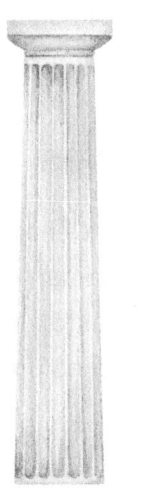

De acordo com o historiador da ciência Prof. Luiz O. Q. Peduzzi (2015b, p. 15), a compreensão matematizada do Universo vai desde o estabelecimento das relações entre as partes dos poliedros até a proposição de um modelo cosmológico:

> A simetria de certas figuras da geometria plana, como o círculo, o triângulo equilátero e o quadrado, entre outras, chamava a atenção dos pitagóricos. A geometria espacial certamente não poderia prescindir do arranjo regular e simétrico das formas, da beleza. Guiados por esse sentimento, identificaram os cinco poliedros regulares: o cubo, o tetraedro, o octaedro, o dodecaedro e o icosaedro. É levado igualmente por considerações de simetria e beleza que Pitágoras formula a hipótese de ser a Terra um corpo esférico.

Ressaltamos que uma das principais contribuições foi a da utilização da matemática como uma linguagem capaz de descrever a natureza e seu comportamento.

1.3 Influência de Aristóteles

Já dissemos que, quando nos referimos à ciência antiga, estamos falando de um *corpus* de conhecimento relacionado à chamada *Filosofia Natural*. Entretanto, organizar os conhecimentos em áreas específicas foi uma preocupação humana desde os tempos da Antiguidade, e "as ideias que tiveram influência mais ampla foram as de Aristóteles (384 a.C.-312 a.C.)" (Beltran; Saito; Trindade, 2014, p. 14).

Segundo Aristóteles, o conhecimento se classifica de acordo com sua finalidade, e essa classificação pode ser ilustrada de acordo com a Figura 1.7, a seguir.

Figura 1.7 – Esquema representativo da classificação do conhecimento conforme Aristóteles

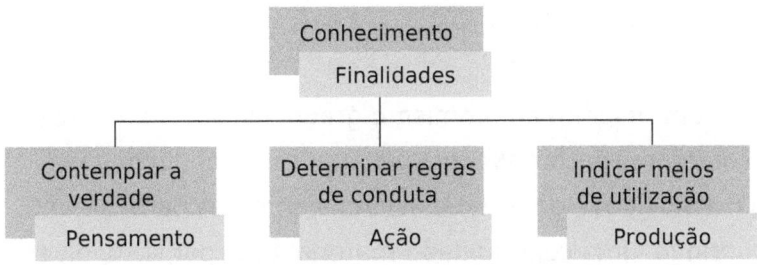

Fonte: Elaborado com base em Beltran; Saito; Trindade, 2014.

Essa organização aristotélica do conhecimento, se aplicada à ciência (episteme), pode ser interpretada conforme a figura a seguir.

Figura 1.8 – Esquema representativo da organização do conhecimento de acordo com as ideias aristotélicas

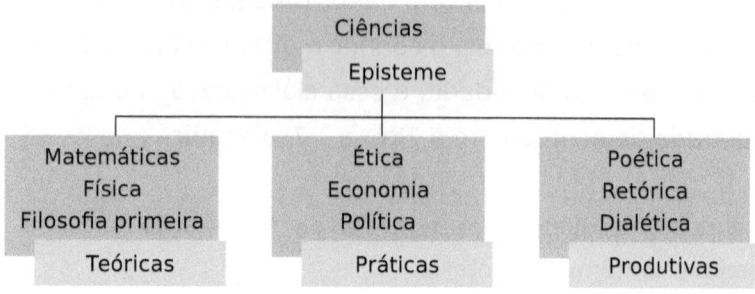

Fonte: Elaborado com base em Beltran; Saito; Trindade, 2014.

Com respeito ao atomismo grego, as ideias aristotélicas eram contrárias, uma vez que seu modelo negava a possibilidade de vazio e assumia a necessidade de um contínuo, uma continuidade material que, por si só, divergia da ideia de átomo como partícula que se move e se recombina.

Na escola aristotélica, a teoria era não mecanicista e as transformações eram próprias da natureza, com a compreensão de que essas transformações aconteciam por quatro diferentes causas (materiais, formais, eficientes e formais). De acordo com Porto (2013, p. 4605):

> Realmente, para Aristóteles, as transformações que ocorrem espontaneamente no nosso mundo são processos de realização de potencialidades que já estavam

latentes nos seres, conforme suas essências. Por exemplo, uma semente de um vegetal não se transformará em qualquer espécie, mas sim naquela da qual é semente. Em outras palavras, a forma do ser é um elemento causal que determinará sua evolução. Aristóteles chamava isso de causa formal.

A partir desse exemplo de causa formal, podemos entender que Aristóteles relacionava à forma o comportamento dos elementos e, por consequência, suas transformações:

> é um aspecto fundamental do pensamento de Aristóteles o entendimento que as transformações espontâneas sempre são processos que caminham em direção a uma finalidade a se cumprir. Se os objetos feitos de terra e água [...] caem, é porque, no Universo hierarquicamente ordenado, cada coisa ocupa o lugar que lhe é devido e o lugar destinado aos elementos pesados é próximo ao seu centro. (Porto, 2013, p. 4605)

Essas e outras teorias acerca da composição do Universo deram origem a diferentes perspectivas cosmológicas e contribuíram para a compreensão do que venha a ser a matéria, trazendo à luz argumentos fundados na razão, em contraposição à mitologia grega, que acreditava serem os deuses os causadores e transformadores da realidade natural.

1.4 O átomo químico e o átomo de Dalton

A compreensão de cada etapa que compõe o desenvolvimento científico e sua posterior interpretação constituem a notável tarefa dos historiadores da ciência. Nesta obra, pretendemos apenas salientar algumas dessas etapas para refletirmos sobre a construção do conhecimento científico como um conhecimento eminentemente histórico-cultural. Isso quer dizer que entendemos ser o conhecimento uma conquista social forjada por muitos, sempre atrelada às condições sociais, culturais, religiosas e econômicas de cada período.

Figura 1.9 – Linha do tempo da Antiguidade até o início da Idade Moderna

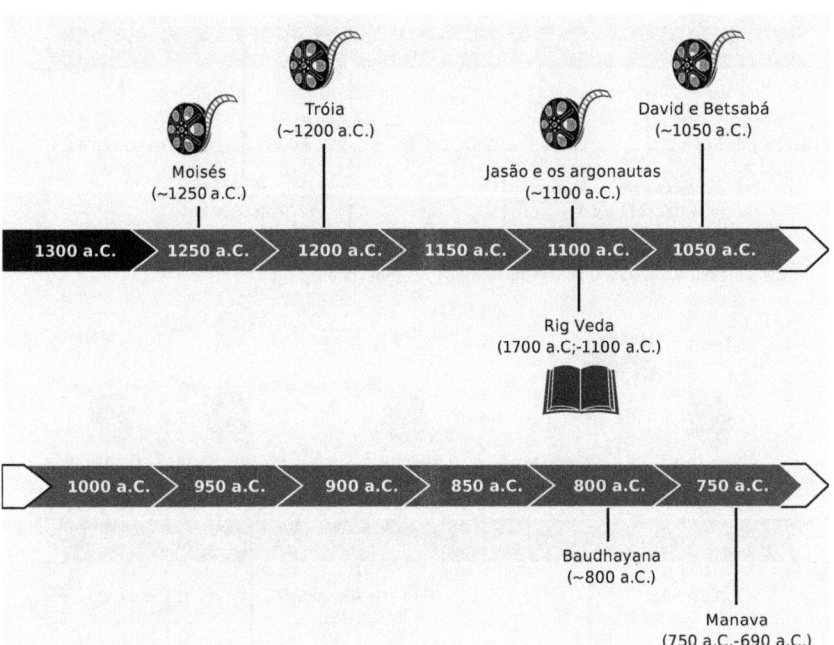

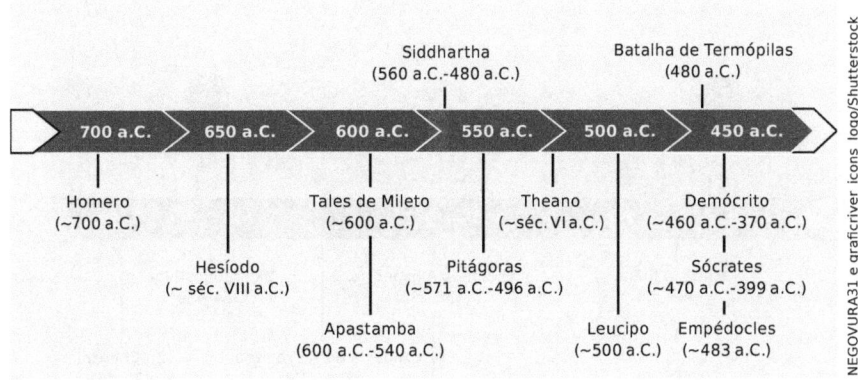

(continua)

(Figura 1.9 – continuação)

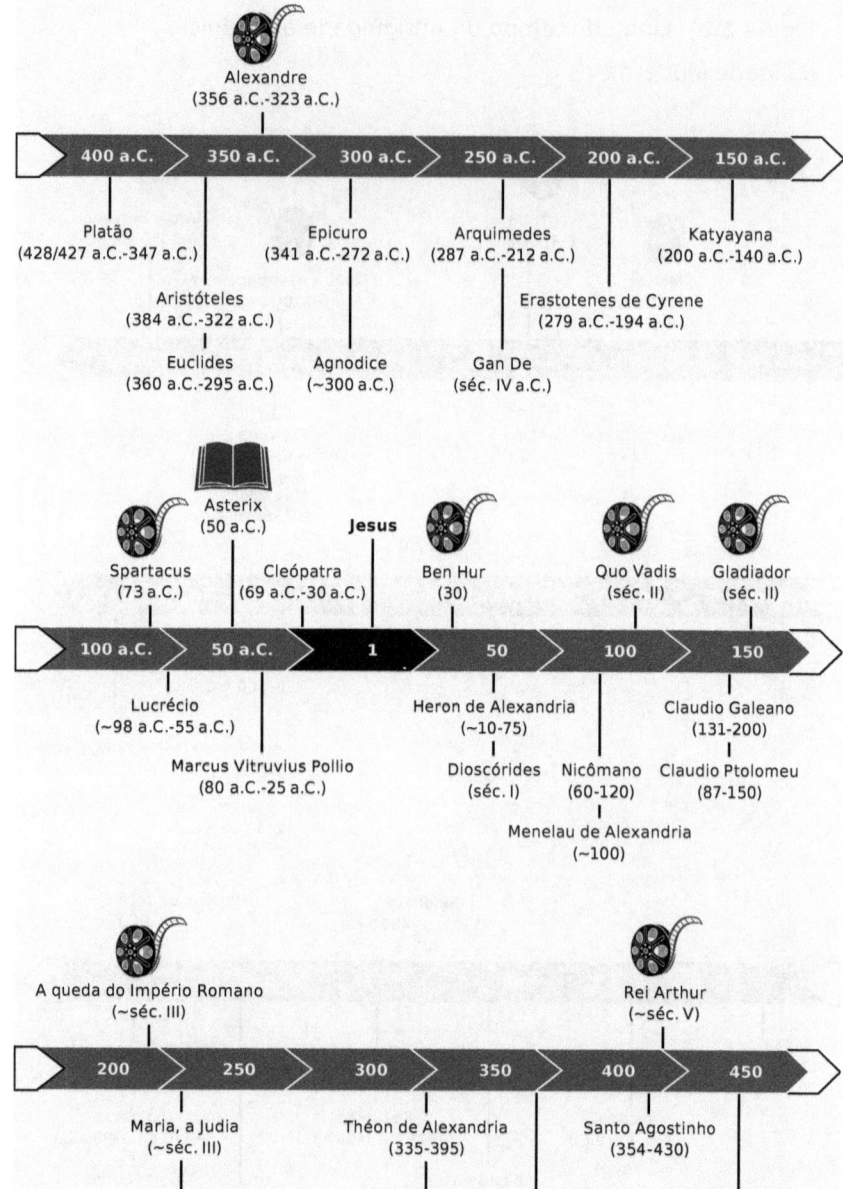

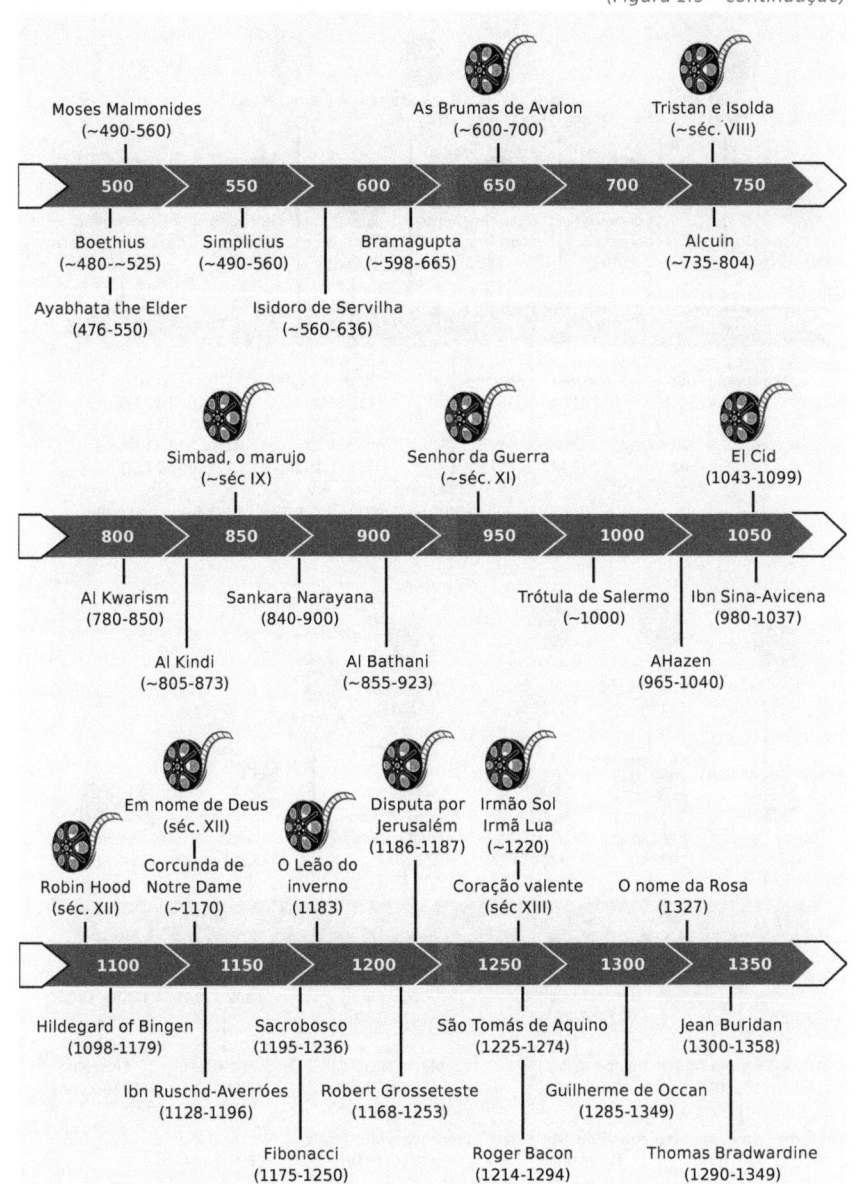

(Figura 1.9 – continuação)

| 500 | 550 | 600 | 650 | 700 | 750 |

- Moses Malmonides (~490-560)
- As Brumas de Avalon (~600-700)
- Tristan e Isolda (~séc. VIII)
- Boethius (~480-~525)
- Simplicius (~490-560)
- Bramagupta (~598-665)
- Alcuin (~735-804)
- Ayabhata the Elder (476-550)
- Isidoro de Servilha (~560-636)

| 800 | 850 | 900 | 950 | 1000 | 1050 |

- Simbad, o marujo (~séc IX)
- Senhor da Guerra (~séc. XI)
- El Cid (1043-1099)
- Al Kwarism (780-850)
- Sankara Narayana (840-900)
- Trótula de Salermo (~1000)
- Ibn Sina-Avicena (980-1037)
- Al Kindi (~805-873)
- Al Bathani (~855-923)
- AHazen (965-1040)

| 1100 | 1150 | 1200 | 1250 | 1300 | 1350 |

- Em nome de Deus (séc. XII)
- Disputa por Jerusalém (1186-1187)
- Irmão Sol Irmã Lua (~1220)
- Robin Hood (séc. XII)
- Corcunda de Notre Dame (~1170)
- O Leão do inverno (1183)
- Coração valente (séc XIII)
- O nome da Rosa (1327)
- Hildegard of Bingen (1098-1179)
- Sacrobosco (1195-1236)
- São Tomás de Aquino (1225-1274)
- Jean Buridan (1300-1358)
- Ibn Ruschd-Averróes (1128-1196)
- Robert Grosseteste (1168-1253)
- Guilherme de Occan (1285-1349)
- Fibonacci (1175-1250)
- Roger Bacon (1214-1294)
- Thomas Bradwardine (1290-1349)

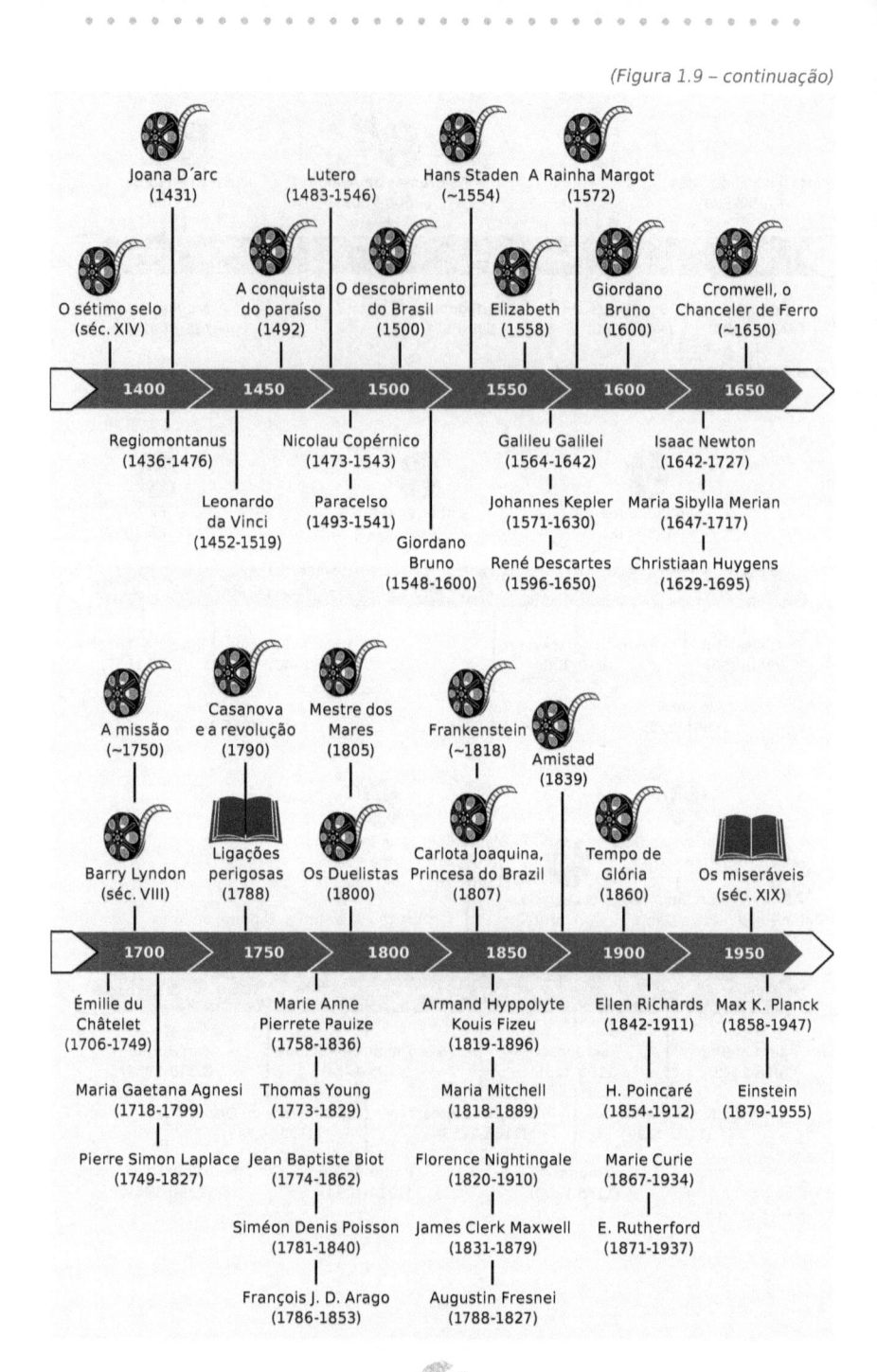

(Figura 1.9 – continuação)

	Joana D'arc (1431)	Lutero (1483-1546)		Hans Staden (~1554)	A Rainha Margot (1572)		
O sétimo selo (séc. XIV)		A conquista do paraíso (1492)	O descobrimento do Brasil (1500)	Elizabeth (1558)	Giordano Bruno (1600)	Cromwell, o Chanceler de Ferro (~1650)	

1400 › 1450 › 1500 › 1550 › 1600 › 1650

- Regiomontanus (1436-1476)
- Nicolau Copérnico (1473-1543)
- Galileu Galilei (1564-1642)
- Isaac Newton (1642-1727)
- Leonardo da Vinci (1452-1519)
- Paracelso (1493-1541)
- Johannes Kepler (1571-1630)
- Maria Sibylla Merian (1647-1717)
- Giordano Bruno (1548-1600)
- René Descartes (1596-1650)
- Christiaan Huygens (1629-1695)

A missão (~1750)	Casanova e a revolução (1790)	Mestre dos Mares (1805)	Frankenstein (~1818)	Amistad (1839)		
Barry Lyndon (séc. VIII)	Ligações perigosas (1788)	Os Duelistas (1800)	Carlota Joaquina, Princesa do Brazil (1807)	Tempo de Glória (1860)	Os miseráveis (séc. XIX)	

1700 › 1750 › 1800 › 1850 › 1900 › 1950

- Émilie du Châtelet (1706-1749)
- Marie Anne Pierrete Pauize (1758-1836)
- Armand Hyppolyte Kouis Fizeu (1819-1896)
- Ellen Richards (1842-1911)
- Max K. Planck (1858-1947)
- Maria Gaetana Agnesi (1718-1799)
- Thomas Young (1773-1829)
- Maria Mitchell (1818-1889)
- H. Poincaré (1854-1912)
- Einstein (1879-1955)
- Pierre Simon Laplace (1749-1827)
- Jean Baptiste Biot (1774-1862)
- Florence Nightingale (1820-1910)
- Marie Curie (1867-1934)
- Siméon Denis Poisson (1781-1840)
- James Clerk Maxwell (1831-1879)
- E. Rutherford (1871-1937)
- François J. D. Arago (1786-1853)
- Augustin Fresnei (1788-1827)

(Figura 1.9 – conclusão)

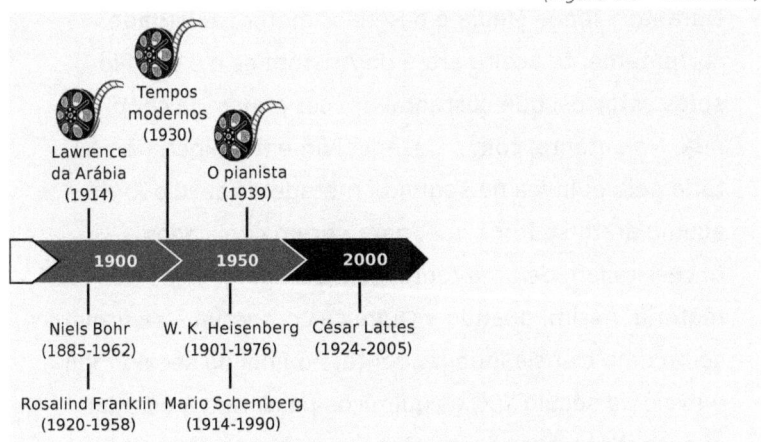

	Tempos modernos (1930)	
Lawrence da Arábia (1914)		O pianista (1939)

1900 — **1950** — **2000**

Niels Bohr (1885-1962)	W. K. Heisenberg (1901-1976)	César Lattes (1924-2005)
Rosalind Franklin (1920-1958)	Mario Schemberg (1914-1990)	

    Desde a contribuição iniciada na Grécia Antiga até a Idade Moderna, o desenvolvimento científico percorreu diferentes caminhos e momentos que não serão descritos neste livro, mas que, contudo, não são menos importantes. O nascimento da química se fez desde a alquimia, e a física já havia dado importantes elementos para que a matéria fosse pensada e novas teorias fossem formuladas.

    De acordo com Soares (2006, p. 70), que investiga o desenrolar da história atômica e suas contribuições para o ensino de Química[*]:

> A concepção atomística da matéria remonta à Grécia da Antiguidade, mas sua formulação em bases científicas é atribuída ao físico e químico inglês John Dalton.

---

[*] O modelo atômico de Dalton acontece no período posterior ao Iluminismo e é considerado parte da Química moderna.

Durante a Idade Média e o Renascimento, a verdade correntemente aceita era a de Aristóteles e a dos filósofos estoicos, que sustentavam ser a matéria contínua. No entanto, com o desenvolvimento experimentado pela química na segunda metade do século XVIII, acumularam-se fatos que, para serem explicados, necessitavam de uma teoria sobre a constituição da matéria. Assim, quando a Química começava a se firmar como uma ciência independente, no final do século XVIII e início do século XIX, os químicos passaram a estudar quantitativamente as reações químicas, sendo particularmente notáveis os trabalhos de Lavoisier (1743-1794), Berthollet (1748-1822), Proust (1754-1826) e Dalton (1766-1844).

O grande Antonine-Laurent Lavoisier – que, em 1789, publicou seu *Tratado elementar da química* –, no decurso de seus experimentos, afirmou que

> quando se leva em conta todos os elementos envolvidos em uma reação química, não há variação de peso (ou de massa, mais precisamente) no sistema considerado. Em outras palavras, a massa não é criada e nem destruída em uma reação química. Esse resultado é conhecido como a lei da conservação da massa, de Lavoisier. (Peduzzi, 2015b, p. 41)

Ainda nesse Tratado, Lavoisier estabeleceu a existência de 33 elementos e reconheceu, ao se referir ao átomo, que existe a possibilidade deste ser divisível, e que a compreensão dele como a menor das partes é refém dos limitados recursos disponíveis (Peduzzi, 2015b).

Observe que os nomes dos cientistas citados são franceses e ingleses, e apenas esse dado já nos permite relacionar o desenvolvimento científico com as revoluções Francesa (estruturação filosófica) e Industrial (estruturação econômica). Lembremos que cada uma, a seu modo, permitiu e até mesmo exigiu que a ciência e a tecnologia gerassem respostas às questões da época. Ou seja, a construção coletiva e social é refém e também consequência de ajustes políticos e econômicos. Como afirma Soares (2006, p. 72) ao descrever o desenvolvimento científico na Europa durante o século XVIII:

> À união das tecnologias e a ação dos poderes públicos, dois componentes essenciais para o avanço das indústrias químicas na França, interfere um terceiro componente: o papel dos sábios na indústria. Essa aliança entre químicos e industriais, tem, para os industriais, mais interesses do que apenas os conhecimentos científicos. Considerando-se que a esfera de intervenção desses homens da ciência não se limitava às empresas, pois detinham cargos públicos (ministro, senador), é a pressão e a influência destes cientistas sobre as decisões políticas que também estimulam os industriais.
> A rede técnica de processos solidários e de indústrias integradas, a rede humana de alianças políticas e de interesses conjugados, constituem os suportes para o avanço das indústrias químicas na França, no início do século XIX.

Assim, chegando ao século XIX, os cientistas estavam mais próximos de compreender a natureza da matéria, e Dalton apresentou sua teoria sobre o átomo ao publicar *Um novo sistema de filosofia química*, em 1808, quando afirmou:

- Os átomos são corpúsculos materiais indivisíveis e indestrutíveis;
- Os átomos de um mesmo elemento são idênticos em todos os aspectos;
- Os átomos de diferentes elementos possuem propriedades distintas quanto ao peso, tamanho, afinidade etc.;
- Os compostos são formados pela reunião de átomos de diferentes elementos, segundo proporções numéricas simples, tais como 1:1, 1:2, 2:3 etc. (Peduzzi, 2015b, p. 43)

Sabemos que as possibilidades de construção e propagação de conhecimento eram muito diferentes e que mais de dois mil anos haviam se passado, no entanto, segundo Peduzzi (2015b, p. 44) para uma abordagem epistemológica e histórica da ciência, "é importante ressaltar que o átomo grego não é um precursor do átomo de Dalton".

Dalton morava em Manchester na Inglaterra e seus interesses originais eram a compreensão da meteorologia (o movimento e o comportamento dos ventos e das massas de ar) e o comportamento termodinâmico do vapor nas locomotivas – portanto, questões epistemologicamente diversas daquelas que moveram os gregos antigos (Soares, 2006). Observe o que diz Peduzzi (2015b, p. 44):

> O atomismo de Dalton se estrutura em bases conceituais e epistemológicas distintas do atomismo de Demócrito, Epicuro, Lucrécio. A postulação do corpúsculo indivisível grego é intuitiva, especulativa, teórica. Seduz e convence pela originalidade, pela audácia das conjecturas, pela força das analogias, pela ambição de explicar todas as coisas à luz de dois pressupostos fundamentais: existem átomos e existe o vazio.

Ainda segundo o mesmo autor:

> As ideias de Dalton também diferem de "concepções atomísticas" vigentes nos séculos XVII e XVIII que, de modo vago, pouco preciso, expressam a descontinuidade da matéria. [...] O atomismo de Dalton é científico, atual. A partir de Lavoisier, fica clara a relevância da medida para balizar ou refutar hipóteses. E ele não ignora isso. A noção de peso está presente em suas premissas básicas. A determinação dos pesos relativos dos constituintes elementares da matéria é a via que compensa o inatingível acesso à realidade concreta dessas partículas, mesmo com a extensão dos sentidos. (Peduzzi, 2015b, p. 44)

Trata-se, claramente, de uma ciência experimental, baseada em medições, cuidadosamente formulada, considerando os resultados e processos alcançados pelos demais pesquisadores, seja na área da matemática, da física ou da química – áreas já separadas e que conquistavam gradativamente as suas especificidades.

Figura 1.10 – Ilustração da imagem da Dalton seguida de caracteres que o cientista utilizava para representação gráfica dos elementos químicos

De acordo com o que observa Soares (2006, p. 94), nesse período: "As pesquisas convergem para um único objetivo: determinar com uma precisão aceitável o valor do peso atômico, ou equivalente, de cada elemento conhecido". É com esse objetivo que trabalham Dalton e

outros cientistas, como Jöns Jacob Berzelius (1779-1848), médico sueco que se dedicou à química e foi um dos primeiros a aceitar a teoria de Dalton, e, posteriormente, Lorenzo Romano Amedeo Carlo Avogadro (1776-1856).

1.5 Hipóteses de Prout e Avogadro e a classificação dos elementos

Como dito ao final do item anterior, um dos químicos que contribuíram para a discussão em torno do modelo de Dalton foi o sueco Berzelius, autor de tabelas produzidas no período de 1810 a 1826. Por meio dessas tabelas, formou-se o cenário acerca da "condição dos pesos atômicos", representando "a extensão do conhecimento a respeito deles quando surgiram as primeiras especulações sobre as relações numéricas existentes entre eles e a primeira hipótese baseada nelas" (Venable, 1896, p. 19, citado por Romero; Cunha, 2021, p. 6).

Chamamos a atenção do nosso leitor para o termo *especulações*, interessante para nosso objetivo, que é o de identificarmos pontos de inflexão e refletirmos acerca da construção da ciência. Isso porque, nesse período, havia um impasse instalado entre os defensores da teoria atômica e os estudiosos da época, que divergiam dessa ideia e explicavam a composição da matéria de outras formas.

Figura 1.11 – *Na mira da solução*, de Vera Reichert

REICHERT, Vera. **Na mira da solução**. Óleo sobre tela: 100 × 120 cm.

Essas questões e a necessidade de se provar as teorias postas conduziram à "existência de vários métodos para a determinação do peso atômico dos elementos químicos", o que justifica, "de certa forma, a variedade de tabelas com pesos atômicos distintos produzidos até 1860" (Romero; Cunha, 2021, p. 7). Em outras palavras, foram as dúvidas que moveram os cientistas, e não as certezas.

Veja a diversidade de métodos "empregados na obtenção dos pesos atômicos dos elementos", considerando apenas os mais utilizados e citados por Garret (1909, p. 6-7) e abordados em Romero e Cunha (2021, p. 6, grifo do original):

> **densidade de vapor** (baseado nos trabalhos do físico italiano Lorenzo Romano Amedeo Carlo Avogadro (1776-1856); **calor atômico** (baseado nos trabalhos do químico francês Pierre Louis Dulong (1785-1838) e do físico francês Alexis Thérèse Petit (1791-1820) publicado em 1819); **equivalente eletroquímico** (baseado nos trabalhos do físico e químico britânico Michael Faraday (1791-1867); métodos para detectar os pesos combinados; e baseado no isomorfismo.

Esses aspectos histórico-metodológicos da classificação dos elementos nos permitem inferir quantos devem ter sido os indivíduos, estudantes, assistentes, leitores e intérpretes dessas tabelas que contribuíram para a construção dessa teoria. Demorou tempo e foram demandados esforços contínuos até que esta passasse por toda uma série de provas experimentais, teóricas, *insights* e técnicas e convergisse para uma compreensão que continuou não sendo unânime, mas que se fez robusta o suficiente para que essa etapa fosse considerada superada.

Conforme afirma Soares (2006, p. 94):

Para a determinação dos pesos atômicos, os químicos, além das leis das proporções, utilizaram conhecimentos que envolviam gases, cristalografia e teoria do calor, obtendo dados experimentais que englobavam esses saberes. A primeira lei permitindo enquadrar os dados experimentais resultantes é formulada por Avogadro.

Avogadro é lembrado ainda hoje por ter formulado uma hipótese para responder a uma questão que permanecia sem solução: quando existem dois volumes determinados de um gás e esses dois volumes se combinam, algumas vezes ambos ocupam menos espaço do que ocupavam em separado. Por exemplo:

> quando dois volumes de hidrogênio e um de oxigênio se combinam para originar vapor, este ocupa menos espaço que o hidrogênio e o oxigênio separadamente. Assim, em 1811, para "explicar o fato descoberto por Gay-Lussac", ele levanta a hipótese de que "nas mesmas condições de temperatura e pressão, volumes iguais de gases diferentes, contêm o mesmo número de moléculas". Ampére (1775-1836) sugeriu, em 1814, a mesma hipótese. O que Avogadro verificou foi que os átomos podiam combinar-se quando os gases eram misturados para originar grupos de átomos. (Soares, 2006, p. 94)

Essa teoria não era amplamente aceita, entre outros fatores, por afirmar que átomos de um mesmo elemento poderiam formar moléculas, o que diferia da hipótese de que as combinações aconteceriam apenas entre átomos de elementos diferentes.

Agora, acompanhe o seguinte problema que se estabeleceu entre a teoria de Avogadro e a experiência do químico acadêmico francês Jean-Baptiste Dumas (1800-1884):

> O problema começa quando Dumas, um dos poucos químicos a utilizar a lei de Avogadro, descobre uma divergência gritante em 1832. As densidades dos vapores do enxofre, do fósforo, do arsênio e do mercúrio são duas ou três vezes superiores aos valores indicados a partir dos calores específicos e das analogias químicas. Tomando O = 100 para a densidade do oxigênio, Dumas obtém H = 6,24 e N = 88,5. Pela analogia química entre o NH_3 e o hidrogênio fosforado PH_3, Dumas prevê que a densidade do vapor de fósforo deveria ser 196, mas a experiência dá 392. (Soares, 2006, p. 98)

Está colocada uma questão e Dumas tem de escolher entre duas saídas:

- manter, como Avogadro, que volumes iguais de gases ou vapores contêm o mesmo número de átomos e adotar fórmulas estranhas do ponto de vista estritamente químico como $H_2S_{1/3}$ para o hidrogênio sulfurado ou Hg_2O, $H_3P_{1/2}$, ou

- adotar os pesos atômicos determinados através das analogias e dos calores específicos – 32 para o enxofre e 200 para o mercúrio – admitindo então que o vapor de mercúrio contém duas vezes menos átomos que um volume igual de hidrogênio, e o vapor de enxofre três vezes mais. (Bensaude-Vincent; Stengers, 1992, citado por Soares, 2006, p. 98)

Dumas decide assumir "a lei do isomorfismo", declarando "que a proporcionalidade do peso atômico à densidade gasosa é falsa quando o gás é um corpo simples e condena a lei de Avogadro, que arrasta no seu esquecimento a lei de Gay-Lussac e o átomo de Dalton" (Soares, 2006, p. 98-99).

E você, caro leitor, pode correr o risco de lamentar esse acontecimento e apontar para Dumas como alguém que errou. Mas, antes que esse pensamento lhe ocorra, convido-o a lembrar-se de que as conclusões são fruto do trabalho do pesquisador, e não de suas opiniões. A forma de se compreender a ciência da época era positivista e atrelada a confirmações experimentais práticas.

Para entendê-lo, verifiquemos a afirmação publicada pelo próprio Dumas em 1836, em uma de suas lições de "philosophie chimique no Colégio de França" (Soares, 2006, p. 99):

> O que nos resta da excursão ambiciosa que nos permitimos na região dos átomos? Nada, ou pelo menos nada de necessário. O que nos resta é a convicção

que a química se perdeu aí, como sempre quando, abandonando a experiência, quis caminhar sem guia através das trevas. Com a experiência à mão encontrareis os equivalentes de Wenzel, os equivalentes de Mitscherlich, mas procurareis em vão os átomos tal como a vossa imaginação os sonhou [...]. Se eu fosse o Mestre, apagaria a palavra átomo da ciência, persuadido que ele vai mais longe que a experiência; e na química nunca devemos ir mais longe que a experiência (DUMAS, 1837, citado por BENSAUDE-VINCENT; STENGERS, 1992, p. 176).

A afirmação dolorosamente categórica acerca da não existência dos átomos – e observe que já estávamos chegando na metade do século XIX – decretou um período difícil para a química. A retomada da teoria atômica aconteceu com a intervenção de um físico inglês, William Prout (1785-1850), que afirmou que "todos os corpos simples derivariam de um único elemento, o hidrogênio. Esta hipótese é reforçada quando Dalton adota o hidrogênio como unidade de seu sistema de pesos atômicos" (Prout, citado por Soares, 2006, p. 100).

Hipótese reforçada pela ideia de movimento browniano, fenômeno observado e identificado pelo botânico escocês Robert Brown, que, em 1928, "observando ao microscópio partículas de pólen suspensas em um líquido, percebeu que elas se movimentavam em ziguezague. O mesmo tipo de movimento também foi observado em partículas inorgânicas de cinza, convencendo Brown sobre a natureza física do fenômeno" (Soares, 2006, p. 104).

No início do século XX, surgiram novas teorias que decretaram a existência do átomo a partir de bases teóricas e empíricas. De qualquer forma, esse "passeio" pelos principais eventos que permearam a teoria atômica nos possibilita compreender que a ciência é temporal, dinâmica e reflexo das condições sociais, culturais e econômicas do contexto.

Epistemologia física em tópicos

Vejamos, a seguir, as principais ideias abordadas neste capítulo.

- A filosofia natural desenvolvida pelos gregos antigos trouxe as seguintes contribuições:
  - a observação da Natureza (seus fenômenos e ciclos) como uma atitude de aprendizagem;
  - o afastamento de crenças mitológicas como justificativa para os fenômenos naturais;
  - a razão sobrepondo as sensações (visão, audição, tato);
  - as teorias que envolveram os elementos primordiais (ar, água, fogo) presentes na natureza como princípios geradores dos demais;
  - o *ápeiron* foi proposto por Anaxímenes como um elemento abstrato primordial na composição de todos os elementos;

- a Escola Pitagórica compreendia um grupo de estudiosos seguidores de Pitágoras e de suas teorias;
- o entendimento do número, pelo pitagóricos, como um ente com dimensões ontológicas, primordial e regente da composição de toda matéria presente na natureza;
- a forma foi relacionada por Pitágoras às causas e às consequências dos processos e das transformações presentes na natureza.

- Sobre os primórdios da teoria atômica:
    - John Dalton foi responsável por formular bases científicas para a teoria atômica;
    - Antonine-Laurent Lavoisier publicou o *Tratado elementar da química* em 1789, no qual afirmou que a massa não é criada nem destruída em uma reação química, estabeleceu a existência de 33 elementos químicos e reconheceu a possibilidade de o átomo ser divisível;
    - diferentes técnicas foram utilizadas com vistas a encontrar e definir os pesos atômicos, e todas contribuíram para a construção da ciência.

- Para melhor compreendermos a construção do conhecimento científico a partir de elementos da epistemologia e da história da ciência, é necessário:
    - não julgar os eventos históricos;
    - compreender a ciência como uma área de conhecimento vivo, dinâmico, mutável;

- entender que cada período da história da humanidade contribuiu de diferentes formas, seja com base em ideias, seja por meio de técnicas ou métodos;
- compreender que o erro faz parte da aprendizagem e da evolução do conhecimento tanto quanto o acerto, e que as teorias, os experimentos e as discussões acontecem na busca de respostas às questões pertinentes a cada período e lugar;
- saber que sempre existem aspectos da arte, da música, da arquitetura ou da literatura que podem nos auxiliar na tarefa de compreender algo e relacionar esse nosso objeto de interesse científico com a contemporaneidade.

Física cultural em foco

ÁGORA (ALEXANDRIA). Direção: Alejandro Amenábar.
 Espanha: 2009. 126 min.
É um filme belíssimo cuja história se passa no Egito no período compreendido entre 355 e 415 d.C. Nessa época, o Egito estava sendo tomado pelo domínio Romano e o conhecimento egípcio, ou "não europeu", era condenado pelos cristãos.

Tem como personagem principal Hipátia, uma mulher filósofa, matemática e astrônoma. Esse personagem fictício é baseado na vida real de Hipátia, primeira mulher matemática reconhecida pela história e responsável pela Biblioteca de Alexandria.

A história se desenrola num período em que o conhecimento era eminentemente nobre e masculino, ou seja, não disponível para mulheres e escravos.

No entanto, Hipátia tinha no conhecimento seu principal objetivo, permitindo que escravos assistissem às suas aulas e incentivando a curiosidade e a formulação de hipóteses. Sua frase célebre: "Que sejam maiores as semelhanças que nos aproximam que as diferenças que nos separam".

A cena mais emocionante acontece quando Hipátia está na busca de compreender o movimento da Terra em torno do Sol e desenha na areia sua argumentação. Ao discutir e concluir que a órbita da Terra só pode ser elíptica, ela comemora com seu escravo, demonstrando a aproximação que o conhecimento oportuniza.

O NOME da rosa. Direção: Jean-Jacques Annaud. Alemanha, 1986. 130 min.

Baseado no romance homônimo de autoria do escritor italiano Umberto Eco, é um clássico já muitas vezes indicado, porém não pode ser deixado de lado por retratar exatamente o papel do conhecimento e do uso da razão ante o misticismo e o preconceito.

Em 1327, no auge da inquisição, o padre William de Baskerville e um noviço chamado *Adso* chegam em um mosteiro onde acontece uma série de assassinatos. William assume a voz da razão num mundo onde reina a desconfiança, a fé cega, as crendices. Nesse contexto, William ensina a Adso como investigar sem se deixar impressionar, como levantar dados e como se basear em fatos para argumentar sobre os acontecimentos. É como a série contemporânea *CSI: Crime Scene Investigation* no período de Inquisição.

Durante o filme, há lindas cenas que apresentam os monges que dedicavam suas vidas à escrita e às iluminuras dos livros. Esses livros só existiam confinados nos mosteiros. Em meio a essa trama, são retratados aspectos históricos e culturais da Idade Média em seus tristes contrastes sociais.

Durante toda a convivência, William apoia Adso na busca do conhecimento, sem, no entanto, facilitar a trajetória do jovem, que precisa escolher entre o primeiro amor e a única chance de crescimento que lhe é oferecida na vida, junto ao seu orientador e líder espiritual.

Elementos em teste

1) A compreensão de eventos científicos que aconteceram no passado exige reflexão e articulação com outras áreas, tais como a filosofia, a sociologia e a história. Também é etapa importante que contribui para que entendamos como ocorreu a construção do conhecimento da humanidade. Acerca da contribuição dos gregos antigos nesse processo, é correto afirmar:

   a) O julgamento de eventos históricos que aconteceram no passado é permitido e incentivado, pois é assim que aprendemos a não repetir os mesmos equívocos.

   b) Compreender o conhecimento desenvolvido no passado é desinteressante e desnecessário, pois vivemos no presente.

   c) Conhecer a história da ciência e refletir sobre ela nos permite compreender melhor como o conhecimento científico foi construído.

   d) O Ocidente não tem raízes greco-romanas e, portanto, o pensamento e a filosofia natural grega não fundamentam o conhecimento científico ocidental.

   e) É possível compreender facilmente a filosofia natural grega, pois, atualmente, somos muito mais desenvolvidos e intelectualizados.

2) Os gregos antigos observavam a natureza em suas características e peculiaridades. A partir dessa base de informações e de suas interpretações, desenvolveram teorias que buscavam descrever a natureza da matéria e seu equilíbrio. Entre essas explicações, destacaram-se algumas teorias e seus autores.
Na sequência, associe o autor ao elemento primordial de sua teoria.

1) Anaximandro
2) Pitágoras
3) Heráclito
4) Anaxímenes
5) Tales de Mileto

( ) Explicação com base no elemento fogo.
( ) Explicação com base no elemento água.
( ) Teoria que afirmava ser o ar o elemento fundamental.
( ) Postulou a existência do *ápeiron*.
( ) Líder da escola que conferia ao número uma dimensão ontológica.

Agora, assinale a alternativa que apresenta a sequência correta:

a) 1, 2, 4, 5, 3.
b) 3, 4, 1, 2, 5.
c) 3, 5, 4, 1, 2.
d) 4, 5, 3, 2, 1.
e) 5, 3, 2, 4, 1.

3) Aristóteles demonstrou achar importante a organização dos conhecimentos em categorias e propôs uma classificação de acordo com a sua finalidade. Com base nessa classificação, o conhecimento contempla as seguintes categorias:
a) pensamento, ação e produção.
b) verdade com base na observação.
c) observação, ausência e atitude.
d) ação com base na verdade.
e) produção, ética e observação.

4) Sobre a construção do conhecimento científico, afirma-se que a ciência é um conhecimento eminentemente histórico-cultural. O que quer dizer essa afirmação?
a) Pessoas de diferentes religiões não podem participar da construção do pensamento científico.
b) O desenvolvimento da ciência não depende de condições socioeconômicas, mas sim da dedicação dos cientistas.
c) Eventos sociais nunca interferem na construção da ciência que acontece dentro dos laboratórios.
d) O conhecimento científico é uma conquista social forjada por muitos, sempre atrelado às condições sociais, culturais, religiosas e econômicas de cada período.
e) A ciência depende exclusivamente de recursos materiais e financeiros para que sua produção seja disponibilizada.

5) Ao acompanhar eventos da história da química, como o problema que se estabeleceu entre a teoria de Avogadro e a experiência de Jean-Baptiste Dumas, é correto afirmar:

a) O problema entre os dois cientistas foi uma querela pessoal na disputa por sucesso.
b) Ao utilizar a lei de Avogadro, Dumas jamais poderia ter apontado uma divergência.
c) Ao se equivocar, um cientista prejudica o desenvolvimento da ciência à qual se dedica.
d) A ciência cresce em momentos de incerteza, pois diferentes técnicas e recursos são buscados para dirimir essas dúvidas.
e) Esse evento não faz parte da história da ciência.

Postulados críticos em análise

Reflexões evolutivas

1) O papel da curiosidade no ato de aprender ciência.

É comum, ao falarmos sobre ciência, dizermos que ela está em tudo, seja na natureza, seja no mundo tecnológico socialmente construído. No entanto, quando queremos ensinar as Ciências da Natureza a alguém, em geral, voltamo-nos para "as verdades absolutas" presentes nos livros didáticos.

Conforme expressam Driver et al. (1994, p. 10, citado por Soares, 2006, p. 16):

Aprender ciências não é uma questão de simplesmente ampliar o conhecimento dos jovens sobre os fenômenos – uma prática talvez denominada mais apropriadamente como estudo da natureza – nem de desenvolver ou organizar o raciocínio do senso comum dos jovens. Aprender ciências requer mais do que desafiar as ideias anteriores dos alunos, através de eventos discrepantes. Aprender ciências requer que crianças e adolescentes sejam introduzidos numa forma diferente de pensar sobre o mundo natural e de explicá-lo.

Refletindo sobre esse assunto, sugira uma atividade que possa ser feita com crianças, jovens ou adultos e que, em sua visão, contribua para que esse indivíduo compreenda ou perceba o papel da ciência em sua formação.

2) Fazendo parte da história do átomo.

Foram muitas as controvérsias que envolveram os diferentes caminhos que os pesquisadores dos séculos XVIII e XIX percorreram para chegarem à conclusão sobre a existência do átomo como partícula entendida até ali como indivisível.

Durante sua vida de leitor e estudante, de que forma essa história lhe foi contada?

Sobre a inserção desses elementos contraditórios em textos didáticos, quais são os aspectos que você considera favoráveis e os que julga desfavoráveis para a aprendizagem?

Eventos físicos na prática

1) Investigando como um "grego antigo".

   Escolha um fenômeno físico para analisar por observação. Por exemplo, observar um corpo celeste de seu interesse, a germinação de uma semente ou o crescimento de uma massa de pão caseiro. Descreva as etapas como sugerido a seguir:

   a) Fenômeno escolhido:
   b) Período total de observação:
   c) Intervalo de tempo entre as observações:
   d) Descrição do que foi observado:
   e) Conclusões possíveis:
   f) Como você se sentiu ao fazer esta atividade? Que aspectos você aponta como curiosos limitantes?

O sucesso e a queda do mecanicismo

Milene Dutra da Silva

2

> *"Construímos muros demais e pontes de menos."*
> (Sir Isaac Newton, citado por Turnbull, 1959, p. 416, tradução nossa)

Entender a importância que o modelo mecanicista teve para a física significa reconhecer o valor que a física clássica teve para a construção da ciência. Estamos falando dos pilares do desenvolvimento científico, que levou séculos para acontecer, mas que se acelerou a partir do século XVIII.

Neste capítulo, apresentamos um lampejo do que foi o chamado *século das luzes* e um tanto da ciência construída a partir das novas necessidades sociais que se colocaram.

Muitos são os grandes personagens da história citados neste texto, o que não desrespeita os que não o foram nem supervaloriza a genialidade dos lembrados. A dedicação à pesquisa e ao conhecimento tem valor inestimável, mas o desenvolvimento ocorre com base em recursos humanos e materiais.

São as necessidades sociais atreladas às condições de produção que determinam a velocidade das descobertas. O interesse pelos gases é um exemplo disso.

Procuramos também discutir o conceito de modelo na física, assumido pelo grande físico teórico L. Boltzman e acompanhamos o começo da fascinante história que envolveu a busca dos cientistas pelo entendimento da matéria – questão complexa que já vinha acompanhando o homem desde a Antiguidade, mas que renasce e se acelera pautada por diferentes critérios.

Chegamos até o início do século XX com a teoria da relatividade, com especial atenção à sua divulgação ao público em geral, processo que contou com os esforços de Paul Langevin – físico, educador e divulgador da ciência.

2.1 Teoria cinética dos gases: o gás ideal e a distribuição de Maxwell-Boltzmann

Para se entender como foi a construção da ciência na época em que a teoria cinética dos gases se estabeleceu, é importante reconhecermos o quanto a termodinâmica modificou as condições de trabalho e o mundo social.

2.1.1 Um mundo em transformação

> *"Extirpar de maneira absoluta toda e qualquer crença, seja qual for o argumento em que ela se apoie e a forma de que se revista, tal parece ser, em definitivo, o único meio de libertar o homem dos preconceitos e da servidão e de abrir-lhe o caminho da verdadeira felicidade."*
> (Ernst Cassirer, 1992, p. 190)

As transformações sociais e econômicas que aconteceram no século XVIII são tão significativas que fizeram com que esse período seja considerado, em muitas instâncias, como revolucionário. Compreender o que aconteceu e identificar os motivos desses eventos sociais é etapa fundamental para se interpretar as descobertas e as invenções que aconteceram na área da ciência e da tecnologia.

Um dos eventos históricos marcantes foi a Revolução Francesa, que ocorreu em 1789 e demarcou a derrota da monarquia por aqueles que eram contrários aos desmandos da nobreza e da Igreja. A ideia revolucionária centrada no lema "Liberdade, Igualdade e Fraternidade" afirma que todos os homens são iguais e, dessa forma, não há acesso exclusivo a melhores condições de vida ou direito à liberdade preservado pelo nascimento.

Figura 2.1 – Lema da Revolução Francesa gravada em elemento arquitetônico na França

A sustentação filosófica para que os nascidos plebeus passassem a se reconhecer donos de si mesmos, de suas vidas e, por consequência, de seus futuros foi dada pelo Iluminismo. Nesse período, os ideais iluministas descortinaram na Europa a possibilidade, antes negada pelo poder da monarquia e da Igreja, de que todos poderiam alimentar-se, prosperar e guardar os recursos advindos de seu próprio trabalho.

Muito resumidamente, estamos buscando desenhar um panorama da Europa do século XVIII com suas peculiaridades. Segundo o historiador Blainey (2008, p. 259):

> O mundo era composto de dezenas de milhares de pequenas localidades autossuficientes. Até mesmo dormir fora de casa era uma experiência incomum. [...] As pessoas passavam toda a vida em um único lugar e daí vinham praticamente todos os alimentos que consumiam e os materiais que usavam para suas roupas e calçados. Aí surgiam as novidades e boatos que lhes proporcionavam excitação ou medo, aí encontravam maridos e esposas.

Essa descrição sugere uma vida pacata e rotineira, mas a verdade é que era também uma vida repleta de restrições, com pouca ou nenhuma perspectiva de crescimento social ou profissional. Uma realidade basicamente rural, que foi sendo modificada pelas transformações sociais e culturais fundadas no Iluminismo e sedimentadas durante a Revolução Industrial.

Na figura a seguir, vemos uma das muitas obras de arte de Joseph Wright of Derby, um dos mais importantes pintores do século XVIII. Ele iniciou sua carreira como retratista e, posteriormente, ficou conhecido como um artista capaz de pintar com imensa sensibilidade as cenas científicas. Joseph Wright teve, durante sua vida, contato com vários pesquisadores de diferentes áreas que frequentavam reuniões noturnas que aconteciam para que as novidades da ciência pudessem ser discutidas entre os interessados.

Observe que na pintura *A loja do ferreiro* foi retratada uma cena do cotidiano de alguns trabalhadores na forja, imagem impensável para ser usada como tema, ou como modelo, em uma obra renascentista. Nos séculos XVI e XVII, as pinturas buscavam retratar cenas religiosas ou modelos nobres, como reis, rainhas e suas famílias.

Tal exemplo ilustra as mudanças culturais trazidas pelo Iluminismo, período marcado pela ascensão do homem comum a um *status* antes reservado aos nascidos na nobreza.

Figura 2.2 – *A loja do ferreiro*, de Joseph Wright of Derby

WRIGHT, Joseph. **A loja do ferreiro**. 1771. Óleo sobre tela: 128 × 104 cm. Yale Center for British Art, New Haven.

Se a Igreja já não era mais poderosa o suficiente para ditar as regras de convivência, de padrões morais e éticos, e se a nobreza não era mais a responsável por decidir qual o quinhão de alimentos que deveria ser entregue ou que seria consumido, isso significava que o aumento da produção era necessário para a sobrevivência.

Esse período foi marcado por intensas mudanças e foram muitas as descobertas movidas pelas necessidades de produtos e serviços. No entanto, a Revolução Industrial que iniciou na Inglaterra trouxe consigo jornadas exaustivas de trabalho para homens, mulheres e crianças e riscos que o trabalho com a lavoura ou com os animais não apresentavam (Blainey, 2008).

A semeada Igualdade não se fez realidade, e assim foi se formando uma nova classe dominante agora composta por comerciantes e donos de fábricas.

Entre outros motivos, a necessidade de se confeccionar produtos somada à maior liberdade com relação à busca pelo conhecimento possibilitou grande crescimento no que diz respeito à ciência e à tecnologia.

Não é por acaso, que uma das invenções que em geral é citada como um dos pilares da primeira etapa da Revolução Industrial é a máquina a vapor.

Figura 2.3 – Ilustração do que pode ter sido um dos primeiros projetos de locomotiva, aproximadamente em 1816

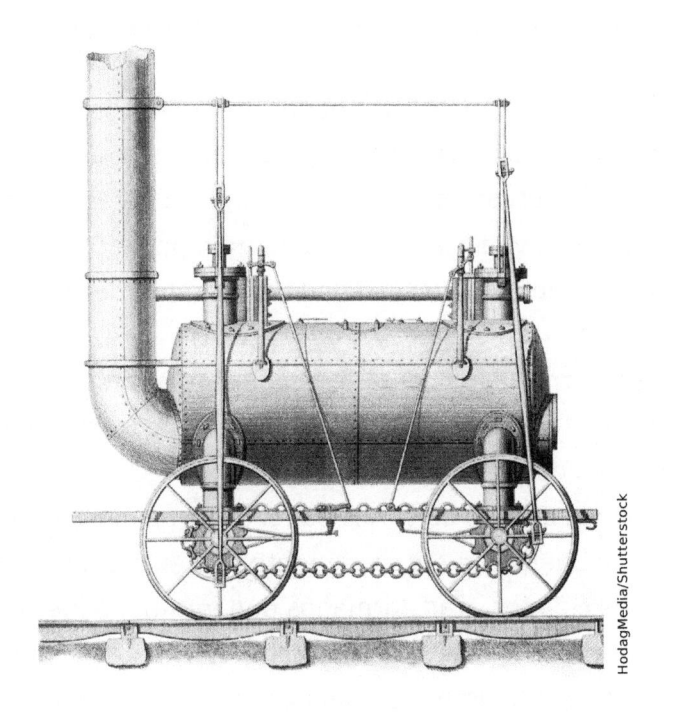

Sobre essa invenção, Blainey (2008, p. 260-261) faz o seguinte comentário:

> O vapor, como força motriz, foi usado pela primeira vez com eficácia nas minas da Inglaterra. Em 1698, Thomas Savery aplicou o vapor produzido pelo carvão para fazer funcionar as bombas de uma mina da região da Cornualha. Onze anos mais tarde, um ferreiro de Devon, Thomas Newcomen, construiu uma máquina a vapor alternativa que, finalmente, podia fazer o mesmo que um exército de homens ou cavalos. A esse tipo de máquina,

James Watt, um escocês, trouxe melhorias fundamentais. Seu maravilhoso dispositivo de 1769, o condensador, finalmente produzia cerca de três vezes a quantidade de vapor ou energia com a mesma tonelada de carvão.

A história da máquina a vapor descreve a importância desta como fonte de energia que poderia superar em muito os esforços de homens e animais e apresenta a locomotiva a vapor como meio de transporte como sendo "provavelmente a invenção mais importante desde a estrada romana" (Blainey, 2008, p. 261).

Essa afirmação aponta o reconhecimento do papel fundamental que a tecnologia tem na transformação das condições de vida humanas.

Apenas a título de curiosidade: os trens evoluíram muito rapidamente e praticamente não existem mais nas grandes cidades, transformados que foram em metrôs de superfície. No entanto, permanecem no imaginário popular e configuram-se brinquedos ainda desejados no mundo todo.

2.1.2 Interesse pelo comportamento dos gases

Com o panorama socioeconômico brevemente apresentado, é possível entender mais claramente o motivo pelo qual compreender o comportamento dos elementos químicos, em especial os gasosos, passou a ser de fundamental importância para o progresso.

Esse aspecto identifica a relação direta entre o interesse da sociedade (não como um todo, mas representada pela vontade dos mais poderosos), o acesso às condições econômicas (recursos para pesquisas) e o desenvolvimento tecnológico.

A velocidade das conquistas científicas e tecnológicas se deve sempre às condições de produção do conhecimento.

Portanto, são derivadas de condições sociais, econômicas, religiosas, culturais, entre outras. Aos cientistas, artistas, literatos etc. cabe o trabalho de dedicarem suas vidas aos seus objetivos, a suas obras e à produção do conhecimento. A eles devemos muito, porém, se olharmos para produção da ciência sob o viés histórico-cultural que adotamos nesta obra, os resultados alcançados são conquistas coletivas da humanidade.

Isso não quer dizer que não devamos valorizar a dedicação intensa e a capacidade de pesquisa de grandes cientistas, como Ludwig Boltzmann (1844-1906), que contribuiu sobremaneira para a construção da Termodinâmica e da Física Teórica (Aragão, 2006).

Conhecer a trajetória de Boltzmann nessa área é percorrer a construção da ciência no período em que esse grande homem esteve em atividade.

No século XVIII, existiam duas correntes aceitas para a explicação do calor. Uma explicava o calor "em termos do movimento das partes constituintes da matéria" e a outra "conhecida como a teoria do calórico, atribuía os efeitos térmicos observados ao "calórico" que penetrava nos interstícios de todos os corpos" (Aragão, 2006, p. 43).

Vamos observar algumas características da teoria do calórico, explicação dada pelo químico e físico inglês Joseph Black (1728-1799), segundo Aragão (2006, p. 43-44):

- é um fluído elástico e indestrutível capaz de penetrar em todos os corpos;
- não tem peso (questão polêmica);
- absorção de calórico ou frio e liberação de calórico ou calor são sinônimos;
- haveria calor sem luz e luz sem calor, sendo o fogo a união entre as duas combinações.

No entanto, uma teoria para ser aceita precisava convergir com a realidade observada. Nesse sentido, perceba que a ideia do calórico descrita anteriormente não parecia divergir substancialmente dos conhecimentos disponíveis sobre a matéria.

Entretanto, foi por meio de uma investigação baseada no cotidiano que Rumford (1753-1814) começou a duvidar da ideia quando visitou uma fábrica em Munique e

> observou dois cavalos fazendo girar uma peça de aço, apoiada em uma base de latão, ambas mergulhadas em água. Passadas cerca de duas horas, a água entrava em ebulição e assim permanecia enquanto os cavalos continuassem em movimento. Esta experiência e ainda o

fato de observar que, ao se tornear uma peça metálica, a limalha de ferro obtida mostrava uma temperatura bastante superior à temperatura da peça, fizeram com que Rumford viesse a escrever: "Torna-se necessário acrescentar, que aquilo que um corpo isolado, ou um sistema de corpos, podem continuar a fornecer, sem limitação, não pode ser uma substância material, e parece-me ser extremamente difícil, se não completamente impossível, fazer uma ideia de que qualquer coisa capaz de ser excitada e comunicada, porque o calor é excitado e comunicado nestas experiências, que não seja movimento". (Aragão, 2006, p. 44)

Releia e veja a riqueza que traz uma observação de qualidade a um fato que poderia a muitos passar despercebido e que, sob olhos atentos e observação qualificada, tornou-se um evento capaz de fornecer elementos que contribuíram para elucidar falhas da hipótese anterior.

Mesmo assim foram necessários mais cinquenta anos para que a teoria do calórico fosse suplantada pela teoria dinâmica ou mecânica do calor.

No século XIX, fizeram parte desse processo vários cientistas, como Nicolas Leonard Sadi Carnot (o trabalho pode ser convertido em calor e vice-versa) e Julius-Robert von Mayer (1ª lei da termodinâmica).

Na sequência, os trabalhos de James Prescott Joule, que, em 1843,

publicou os resultados das suas investigações experimentais, a respeito da ação calorífica da corrente elétrica. Deduziu, pela primeira vez, o valor equivalente mecânico da unidade de calor e estabeleceu a lei que tem o seu nome, lei de Joule, que relaciona a energia libertada em um condutor com uma resistência dada, com a corrente que percorre o circuito. (Aragão, 2006, p. 46, grifo nosso)

Do teor dessa citação, podemos deduzir uma segunda condição (sendo a primeira a observação qualificada) para que uma teoria seja aceita: a aprovação entre pares, materializada por meio da divulgação entre pessoas da mesma área de conhecimento, cuja análise e avaliação dão credibilidade à hipótese apresentada.

Desse percurso ainda fizeram parte Willian Thomson, mais conhecido como Lorde Kelvin, e Rudolph Julius Emmanuel Clausius, só para citarmos os mais importantes.

Veja que foi uma construção feita a muitas mãos, com idas e voltas, e que a enunciação dessas leis (1ª e 2ª lei) aconteceu sem que houvesse a compreensão detalhada dos fenômenos térmicos a nível microscópico.

Algumas concepções científicas e epistemológicas de Boltzmann

Nascido em 1944 em Viena, Ludwig Boltzmann foi um dos "mais importantes físicos da segunda metade do século XIX", visto como o responsável pelo conceito de probabilidade, pioneiro em trabalhos com a "teoria cinética dos gases e em mecânica estatística" (Videira, 2013, p. 373).

Boltzmann foi, durante toda a sua vida, um defensor do atomismo e das ideias de Maxwell sobre o eletromagnetismo e foi o primeiro professor a assumir a cátedra de Física Teórica no mundo, na Universidade de Munique, em 1890, e na Universidade de Leipzig, em 1900. Em 1902, retornou à Viena e retomou "sua antiga cátedra, que se encontrava vaga, sob o compromisso assumido junto ao governo austríaco, de instalar-se definitivamente na Universidade de Viena", acumulando, de livre vontade, "a cátedra de física teórica juntamente com a de filosofia da natureza" (Videira, 2013, p. 374).

Adotou e defendeu o conceito de modelo na física tendo sido autor em 1902 do verbete "Modelo" na 11ª edição da Enciclopédia Britânica (Videira, 2013).

> Na segunda metade do século XIX, ao mesmo tempo em que se deixava impregnar pelas teses científicas maxwellianas, Boltzmann absorvia ideias filosóficas que reforçavam o seu credo de que toda teoria científica nada mais é do que uma representação dos fenômenos

naturais. O verbete deve ser entendido, portanto como uma tentativa de apresentação, para o grande público, dessa concepção representacionista existente entre os físicos, bem como uma síntese das próprias ideias de Boltzmann sobre o assunto. (Videira, 2013, p. 374)

Além da relação acadêmica de pesquisa que Boltzmann manteve com a teoria de Maxwell e com o próprio Maxwell (discutiam sobre a teoria cinética dos gases por cartas), outro cientista cuja teoria teve influência sobre Boltzmann foi Charles Darwin. Observe que:

> Ao adotar o darwinismo, Botzmann não teve como intenção elaborar uma filosofia sistemática da física, nem da ciência. A perspectiva dawvinista encontra-se explícita no desenvolvimento das principais contribuições de Boztmann, tais como o princípio do **pluralismo teórico** e sua crítica **às leis a *priori* do pensamento**. No final de sua vida, a partir do momento em que ocupou a cátedra de filosofia da natureza em Viena, pôs-se a buscar o estabelecimento de uma relação coerente e fecunda entre a filosofia e a ciência. (Videira, 2013, p. 375)

Sendo um físico que defendia o pluralismo teórico como critério fundamental para participar da construção do pensamento científico, Boltzmann considerava primordial não apenas conhecer, interpretar e discutir as teorias de seu tempo, mas também as anteriores e as que traziam ideias consideradas inovadoras.

Boltzmann "participou ativamente do movimento de revisão dos conceitos da física, acompanhando colegas como Helmholtz, Heinrich Hertz, Ernst Mach, Pierre Duhem, William Ostwald, Gerard Helm, Henri Poincaré, entre outros" (Videira, 2013, p. 376).

Ainda "do ponto de vista do pluralismo teórico, nenhuma teoria ou método científico, ao procurar alcançar a aceitação hegemônica da comunidade científica, deveria excluir as demais teorias" (Videira, 2013, p. 377).

Com respeito à crítica "às leis *a priori* do pensamento", essa afirmação pode ser exemplificada com sua defesa do atomismo, processo no qual Boltzmann privilegiava "argumentos de natureza epistemológica antes que argumentos puramente científicos. Sua defesa decorre, mesmo que parcialmente, da confusão que reinava nas ciências naturais a respeito do que caberia a uma teoria física" (Videira, 2013, p. 376).

Dadas essas informações sobre Boltzmann, as quais foram selecionadas tendo como foco as contribuições acerca da epistemologia da ciência, e não fazendo parte do escopo deste texto as teorias científicas desse grande físico austríaco, podemos voltar à ideia de modelo concebida e sustentada na compreensão de que:

> Modelos nas ciências matemáticas, físicas e mecânicas são da maior importância. Há muito tempo, a filosofia percebeu a essência de nosso processo de pensamento no fato de que nos ligamos aos vários objetos reais ao nosso redor, atributos físicos particulares – nossos

conceitos – e, por meio deles, tentamos representar os objetos em nossas mentes. Tais visões eram antes vistas por matemáticos e físicos como nada mais do que especulações inférteis, mas em tempos mais recentes elas foram trazidas por J.C. Maxwell, H. v. Helmholtz, E. Mach, H. Hertz e muitos outros em íntima relação com o corpo inteiro da teoria matemática e física. Nesta visão, nossos pensamentos permanecem nas mesmas relações que os modelos para os objetos que representam.

A essência do processo é o apego de um conceito que tem um conteúdo definido para cada coisa, mas sem implicar semelhança completa entre coisa e pensamento; pois, naturalmente, podemos conhecer pouco da semelhança de nossos pensamentos com as coisas às quais os associamos. Que semelhança existe, reside principalmente na natureza da conexão, sendo a correlação análoga àquela que se obtém entre pensamento e linguagem, linguagem e escrita. [...] Aqui, é claro, a simbolização da coisa é o ponto importante, porém, onde factível, busca-se a máxima correspondência possível entre os dois [...] estamos simplesmente estendendo e continuando o princípio por meio do qual compreendemos objetos em pensamento e representá-los em linguagem ou escrita. (Boltzmann, 1974, p. 213-214, citado por Silva, 2019, p. 77)

Assim, concluímos esta subseção com as palavras do próprio Boltzmann publicadas na Encyclopaedia Britannica em 1902, que demonstram, antes de tudo, o esforço por uma linguagem acessível e a utilização do modelo como essencial para o progresso da ciência.

2.2 Evidências experimentais das distribuições moleculares

Durante muito tempo e mais especialmente no decorrer dos séculos XVIII e XIX, a ciência foi fortemente marcada pela existência de atividades experimentais assumidas não apenas com função investigativa, mas principalmente como método ratificador de hipóteses.

A batalha travada pelos cientistas que defendiam o atomismo *versus* os não atomistas foi um dos episódios da ciência que ilustram na história a "dificuldade de cientistas e filósofos de submeterem certas '**imagens da natureza**' à comprovação empírica" (Oki, 2009, p. 1072, grifo do original).

Retomando a teoria atômica de Dalton, cuja discussão já iniciamos no capítulo anterior, podemos afirmar que, apesar de ser fortemente empirista, característica comum à sua época, "Dalton parece ter seguido um percurso indireto e mais complexo, com relevante contribuição da sua intuição teórica" (Oki, 2000, p. 1072). Como salienta Oki (2009, p.1072), nesse episódio, torna-se importante a distinção entre:

- **ciência privada** – relativa à forma "como surge o problema na mente do cientista e como ele tenta resolvê-lo";

- **ciência pública** – relativa à forma "como as ideias são justificadas, sendo aceitas ou rejeitadas pela comunidade científica".

No caso das chamadas *controvérsias científicas*, aquelas que mais nos interessam quando queremos compreender melhor quais foram as motivações e como se estabeleceram as soluções dadas aos problemas, é necessário se atentar para as questões "acientíficas e não racionais", que interferem na aceitação de uma teoria (Oki, 2009, p. 1073).

Figura 2.4 – Ilustração de alguns dos fatores externos que interferem na aceitação de uma descoberta científica

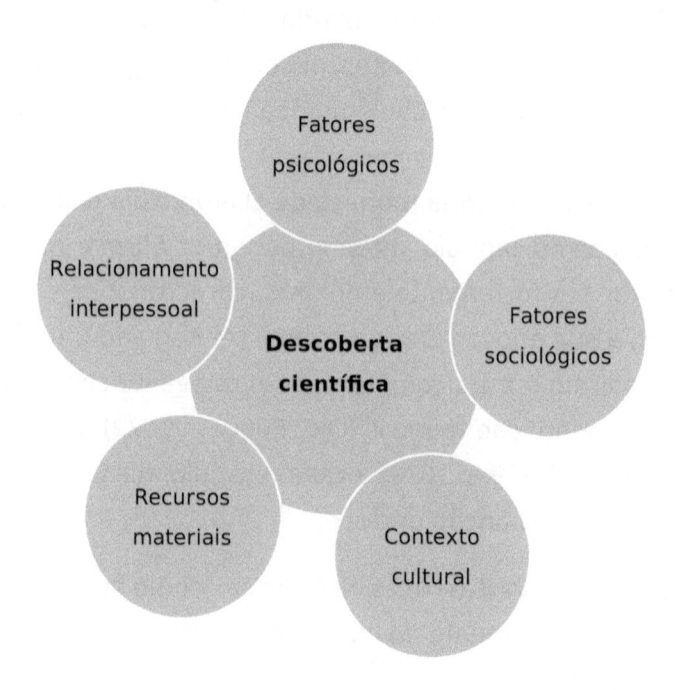

```
            Fatores
           psicológicos

Relacionamento                    Fatores
interpessoal    Descoberta       sociológicos
                científica

        Recursos        Contexto
        materiais       cultural
```

Fonte: Elaborado com base em Oki, 2009.

No exemplo que ora adotamos, a teoria atomista de Dalton, é necessário lembrar que ele iniciou seus estudos em razão de seu interesse em meteorologia e na física do estado gasoso; posteriormente, para determinar os pesos atômicos, utilizou como referência o hidrogênio, ao qual atribuiu peso unitário (Oki, 2009). Ainda:

- Dalton adotou uma regra de que, quando houvesse um composto, este seria formado por dois elementos diferentes, sendo apenas um átomo de cada element- Ele acreditava que os átomos possuíam forma esférica e pesos diferentes e que cada um estaria envolvido por uma atmosfera de calor formada pelo fluido calórico.
- Dalton propôs um simbolismo para a representação de átomos e suas combinações.

2.3 O começo da queda: movimento aleatório e as contribuições de Einstein e Langevin

Albert Einstein é o cientista mais conhecido mundialmente, por vários motivos. Sua contribuição para o desenvolvimento da Física, especialmente da mecânica relativística, é indiscutível. No entanto, mesmo aqueles que não compreendem os princípios envolvidos na teoria da relatividade, admiram e reconhecem o papel fundamental que Einstein teve na construção da ciência do século XX.

Essa popularidade se deve a muitos fatores, inclusive alguns que extrapolam os limites da Física, como:

- a personalidade do indivíduo Einstein;
- a idade que ele tinha (26 anos) em 1905, quando publicou seus cinco mais importantes artigos;
- ter compartilhado e participado da produção científica em um período especialmente revolucionário para a física;
- ter posteriormente mudado para os Estados Unidos e assumido a cidadania americana.

Esses são alguns aspectos que contribuíram para que Einstein tenha se tornado um ícone da ciência, sendo comumente usados como referência. Trata-se de um evento peculiar na física, pois o perfil tradicional dos cientistas não é o de serem conhecidos socialmente fora do ambiente acadêmico.

O trabalho de Einstein, bem como o de seus contemporâneos Max Planck e Niels Bohr, foi revolucionário, uma vez que dedicaram um novo olhar a questões clássicas da mecânica e do eletromagnetismo, tidas até então como indiscutíveis. Eles determinaram um novo paradigma que possibilitou o desenvolvimento da mecânica relativística e da física de partículas (que ainda não existia).

Para o nosso objetivo, é relevante salientar que, ao identificarem uma incongruência entre a nova ideia e a antiga, esses pesquisadores não deixaram de lado a nova ideia, mas sim buscaram ferramentas teóricas e experimentais para elucidarem cada aspecto envolvido, abrindo um novo caminho teórico que quebrou os paradigmas anteriormente estabelecidos.

Como as contribuições de Einstein são mais comumente exploradas e discutidas, vamos dedicar espaço aqui para apresentar Paul Langevin, um cientista que valorizava tanto a produção científica quanto sua divulgação, seja para os intelectuais, seja para toda a sociedade. Foi atuante no início do século XX, quando a França passou por uma reforma educacional. Nessa reforma, o ensino de ciências ganhou uma nova dimensão, porque o mercado de trabalho passava a exigir maiores conhecimentos e também porque o ensino como se apresentava anteriormente era prioritariamente elitista. Desse processo participaram, além de Langevin, outros cientistas, como Marcelin Berthelot e Henri Poincaré (Cestari Junior, 2020).

Para Langevin, o ensino deveria buscar o equilíbrio entre os conhecimentos "utilitários" (aplicações do conhecimento científico) e "educativo" que englobaria a ciência por si e seus fundamentos. Nas palavras dele, se o aluno receber apenas o ensino "educativo", "terá a impressão de que os físicos são crentes de uma espécie singular, que se contentam em olhar nas lunetas e construir curvas de uma forma tão dispersa quanto inútil" (Lagevin, citado por Cestari Junior, 2020, p. 23). Ao mesmo tempo, o estudante que ficar aprendendo ciência de forma pragmática, repetitiva e baseada apenas na matematização dos conceitos "sai carregado de uma coleção de leis e de fórmulas [...] sem saber o porquê nem em que sentido [...] úteis hoje, inúteis amanhã devido às modificações contínuas e bruscas das indústrias atuais [...]" (Lagevin, citado por Cestari Junior, 2020, p. 23).

Essas observações feitas no início do século passado demonstram a sensibilidade do cientista em relação ao processo de ensinar e aprender ciências, que deveria ser motivado pela curiosidade, com lugar privilegiado para a criatividade e a formulação de hipóteses, mas que vem sendo historicamente marcado pelo decorar de conceitos e pelos infindáveis exercícios repetidos.

Langevin participou do ensino e da divulgação científica até sua morte, em 1946, tendo sido um dos autores da reforma Langevin-Wallon. Além disso, também publicava artigos na revista *La Pensée*, levando para o grande público conhecimentos sobre a teoria da relatividade, ainda tão nova naquele momento (Cestari Junior, 2020).

Essa forma de ver a ciência como algo para ser desfrutado, compreendido e vivenciado como conhecimento necessário, que faz parte da formação de um ser humano mais completo, mais integral, é reflexo do seu contexto de vida e formação.

Na França do final do século XIX e início do XX, reinavam ideias positivistas, em que se cria na ciência como mola propulsora do progresso materializado pela industrialização crescente. Essa realidade impôs uma nova relação do homem com o mundo físico, que pode ser exemplificado pelo interesse em experimentos, especialmente aqueles relacionados a fenômenos como a radiação (raios X) (Cestari Junior, 2020).

Nesse contexto, o progresso é entendido como um processo cumulativo e produtor de benefícios capazes de trazer a esperada melhoria na qualidade de vida. Dessa forma, entendia-se como importante aumentar a carga horária de ciências na escola e via-se o cientista como a autoridade técnica e moral no assunto.

> Langevin acredita que a atividade do físico se desenvolveria em três estágios: primeiro seria a observação dos fatos, em seguida a elaboração de leis que permitem a predição de fenômenos e terceiro, a compreensão e explicação, de modo que seriam as investigações científicas mais desinteressadas que teriam levado aos mais fecundos avanços da técnica. (Cestari Junior, 2020, p. 24)

Langevin foi o primeiro físico francês a defender a teoria da relatividade e o responsável por inscrevê-la na filosofia francesa (Cestari Junior, 2020). Organizava seus esforços na divulgação dessa teoria em ambientes formais e não formais de ensino, no que foi chamado de

Campanha Relativística, realizada com o objetivo de se compreender os conceitos e os limites da nova teoria, entendendo esse processo como possível e desejável para todos que se interessassem pelo assunto.

Figura 2.5 – Representação gráfica da Campanha Relativística liderada por Langevin na França

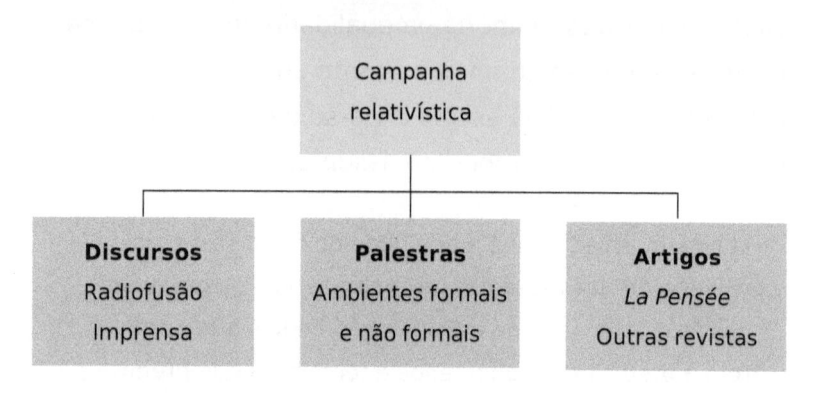

```
                    Campanha
                   relativística
          ┌────────────┼────────────┐
      Discursos     Palestras      Artigos
     Radiofusão  Ambientes formais  La Pensée
      Imprensa    e não formais   Outras revistas
```

Fonte: Elaborado com base em Cestari Junior, 2020.

A classificação das diferentes dimensões da cultura científica a ser compreendida e divulgada para os diversos públicos demonstra o interesse desse cientista em ser capaz de expor a teoria da relatividade sob variadas perspectivas, sempre respeitando o interesse do interlocutor.

Figura 2.6 – Dimensões da cultura científica na perspectiva de Langevin

```
        Cultura gerada
          pela ciência
                ↑
Cultura                      Cultura
voltada para a  ←  Cultura  →  por meio da
socialização da   científica     ciência
   ciência
                ↓
         Cultura
      voltada para
     a produção da
         ciência
```

Fonte: Elaborado com base em Cestari Junior, 2020.

No processo de somar esforços em prol de uma ciência "viva" para uma educação "viva", Langevin:

- criticou os manuais escolares que classificou como dogmáticos;
- participou de uma cooperativa de ensino com Marie Curie (coerência entre discurso e ação);

- defendeu o uso da História da Ciência no ensino por meio de documentos originais, que permitiriam ao estudante compreender a 'humanidade' do cientista;
- criticou a posição epistemológica e filosófica dos positivistas, que "estabeleceram demarcações para classificar o que seria ciência, fundamentados na lógica e nos experimentos" (Cestari Junior, 2020, p. 102);
- convergiu com as ideias de Bachelard, filósofo contemporâneo a Langevin que "apresentou pela primeira vez a ideia de uma ciência 'não linear', na qual uma teoria suplanta a outra e o novo" (Cestari Junior, 2020, p. 101).

Algumas dessas ideias do século passado, especialmente as que se referem ao ensino de ciências, continuam atuais, o que demonstra o quanto a formação científica é um ato político, que excede ao trabalho pedagógico.

2.4 Natureza da luz: discreta ou contínua

Como estamos apresentando no decorrer deste texto, o desenvolvimento da ciência acontece quando diferentes teorias divergem e, assim, explicitam que maiores aprofundamentos são necessários para que se chegue a uma teoria convergente. Esse processo faz parte da construção do conhecimento, mas nem sempre acontece sem que haja embates.

Importantes embates fizeram parte da história da ciência, entre eles o que aconteceu entre os cientistas que buscavam compreender a natureza da luz. Dessa polêmica, participaram desde Galileu até Descartes e Snell (1581-1626), com seu princípio que envolve a propagação da luz em meio homogêneo; desde Pierre Fermat (1601-1665) até Robert Hooke (1635-1703):

> Hooke era um excelente observador, mas também um bom teórico e sua investigação teórica sobre a luz foi de grande importância. Chegou à conclusão de que a emissão da luz por parte de um corpo luminoso constituía um movimento vibratório rápido, de muito pequena amplitude, e como resultado cada partícula enviava pulsações que se expandem rapidamente e com igual velocidade, em todas as direções. (Aragão, 2006, p. 88)

Figura 2.7 – Ilustração do modelo do microscópio de R. Hooke

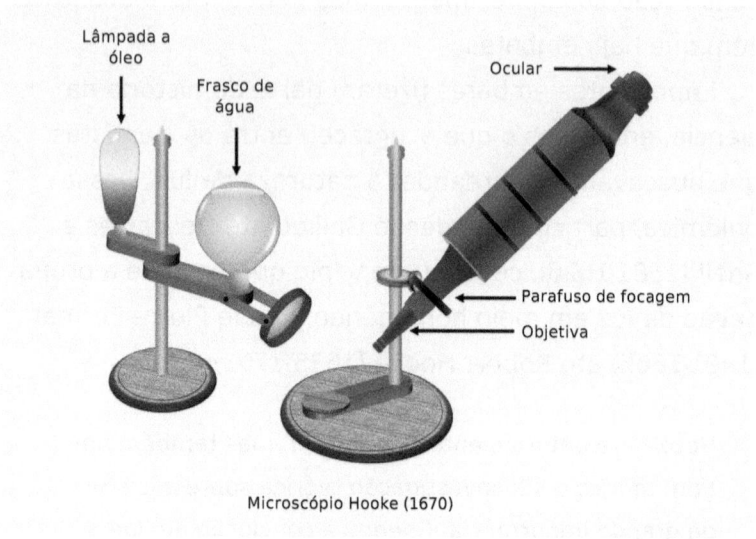

Microscópio Hooke (1670)

Estava colocada uma situação que se prolongou, pois tanto a teoria corpuscular quanto a teoria ondulatória tinham seus defensores, incluindo nomes relevantes como o de Isaac Newton, que, em 1675, ao investigar o fenômeno da interferência luminosa,

> observou que, quer por reflexão, quer por transmissão, se podia observar uma série de anéis, concêntricos com o ponto de contato das superfícies de uma lente plano--convexa e de uma lâmina de vidro, de faces planas e paralelas. Estes anéis formam-se como resultado da interferência luminosa, entre os feixes que se refletem nas faces superior e inferior da camada de ar variável,

entre a lente e a lâmina. Contudo, Newton deu uma explicação que não poderia se basear completamente na teoria corpuscular. (Aragão, 2006, p. 88)

O fenômeno de interferência é próprio do comportamento ondulatório, e Hooke dava uma explicação que combinava mais com a explicação corpuscular. No entanto, nenhuma das duas explicações satisfazia completamente como teoria capaz de estabelecer conceitualmente o fenômeno observado. "Hooke estudou também o fenômeno que determinava as cores que se poderiam ver quando a luz branca é refratada por um prisma. Interpretava o fenômeno por distúrbios de pulsação" (Aragão, 2006, p. 89).

Figura 2.8 – Ilustração de um feixe de luz branca que, ao atravessar um prisma, refrata em diferentes cores

tuuljumala/Shutterstock

A explicação dada por Newton para o fenômeno das cores do espectro envolvia as propriedades inatas da luz, "possuídas por diferentes variedades de luz, de diferentes graus inatos de refrangibilidade, originalmente todas misturadas, para formar a luz branca e separadas de cada cor por refração, através de um prisma" (Aragão, 2006, p. 89). Tal explicação envolvia a existência de um éter (algo entre a luz e a matéria) e era incapaz de conciliar a propagação retilínea da luz com o fenômeno da polarização, descoberto por Huygens, mas primeiramente observado pelo próprio Newton (Aragão, 2006).

> Estas duas concepções eram ao mesmo tempo válidas, mas a primeira perdeu a sua força quando o pequeno comprimento de onda da luz (de cerca de 1/1 061 040 mm) foi tomado em consideração e a segunda deixou de ter razão de ser, pela introdução da hipótese da luz consistir de vibrações transversas, análogas a de um sólido elástico. No entanto, nada disto estava implícito na teoria de Newton. (Aragão, 2006, p. 89)

Essa polêmica é um marco na história da ciência e contou com outros atores que sustentaram a discussão, percurso alimentado por experimentos, deduções e teorias que foram se sobrepondo até chegarmos à ideia de dualidade da luz.

2.5 A polêmica entre Newton e Huygens e os experimentos de Young e Fresnel

Um experimento que foi fundamental no processo de compreensão do comportamento da luz foi o de Cristiano Huygens, que trabalhava na fabricação de lentes. Em 1690, Huygens publicou o *Traité de la Lumière*, no qual consta o princípio que lhe permitiu provar que a teoria ondulatória explica os fenômenos até então conhecidos da óptica. Esse tratado não teve completa aceitação, pois, como já visto, havia uma polêmica posta entre os cientistas, e a explicação de Huygens contrariava Newton, que já era respeitado e renomado.

As ideias de Huygens foram ampliadas pelos experimentos de Young e Fresnel e traduzidas matematicamente por Kirchhoff, no século XIX, culminado no princípio de Huygens. Para lembrar:

- Sua teoria permite explicar as leis da reflexão e refração em termos de ondas;
- Esse Princípio propõe que todos os pontos de uma frente de onda se comportam como fontes pontuais para ondas secundárias;
- Depois de um intervalo de tempo t, a nova posição da frente de onda é dada por uma superfície tangente a estas ondas secundárias. (Morais, 2023)

No entanto, foi com o experimento de dupla fenda realizado por Young que muitas respostas foram encontradas. De acordo com a historiadora da ciência Maria José Aragão (2006, p. 91-92), Thomas Young (1773-1829) foi um médico inglês (também considerado um grande físico) que, ao exercer a medicina, "descobriu as relações do músculo ciliar com a forma do cristalino em 1793, [e] descobriu o astigmatismo no olho humano e a sua medição em 1801".

Ao dedicar-se à óptica, foi responsável pelo descobrimento da interferência da luz por meio de uma experiência com a luz solar atravessando uma fenda. Esse experimento foi determinante para demonstrar a natureza ondulatória da luz, como na figura a seguir.

Figura 2.9 – Ilustração do experimento de dupla fenda

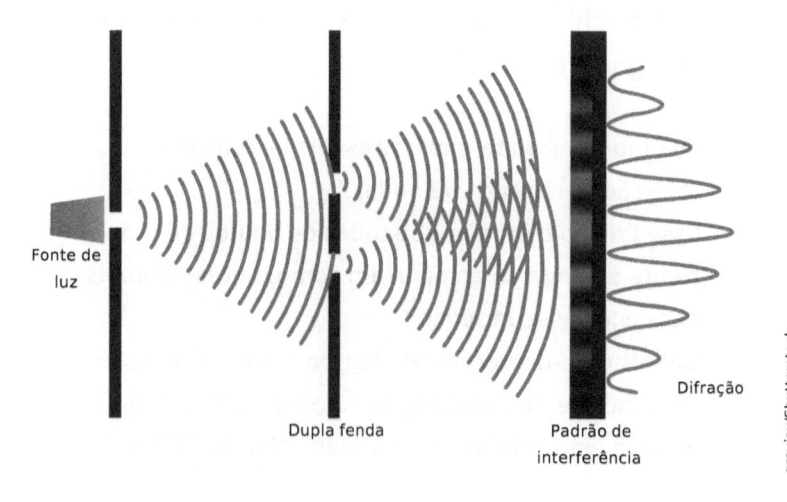

grayjay/Shutterstock

O fenômeno da interferência luminosa confirmou a teoria ondulatória e, mais tarde, Fresnel foi responsável por apresentar a respectiva formulação matemática. Essa etapa da história nos reafirma o quanto a ciência é uma produção coletiva, cujo ritmo é determinado pelos mais variados aspectos, incluindo-se entre eles o *status* do cientista ante a comunidade acadêmica e o perfil de investigação teórica ou experimental desenvolvido pelos pesquisadores.

Todas as etapas concorrem para que o resultado seja alcançado e novos questionamentos sejam lançados. Assim, a partir de dúvidas e polêmicas é que se edifica o conhecimento científico.

Epistemologia física em tópicos

Vejamos, a seguir, as principais ideias abordadas neste capítulo.

- As transformações sociais e culturais ocorreram no século XVIII em toda a Europa, em especial na França o movimento Iluminista teve papel fundamental neste processo.
- Contribuições de Boltzmann:
  - responsável pelo estabelecimento da cadeira de Física Teórica e também por conhecimentos fundamentais na área da Teoria Cinética dos Gases;
  - articulação entre ciência e filosofia, ao reafirmar a física como uma forma de interpretar e descrever o mundo natural.

- Conhecimentos da termodinâmica:
  - possibilitaram a existência das máquinas a vapor, força motriz que transformou o modo de produção de bens e o transporte;
  - ideia de que o desenvolvimento da ciência acontece atrelado às necessidades econômicas e sociais.
- Na virada do século XIX para o XX Einstein formulou a teoria da relatividade:
  - a teoria da relatividade foi uma teoria revolucionária, discutida entre os pesquisadores, sendo aceita por alguns e rejeitada por outros;
  - Paul Langevin participou ativamente da Campanha Relativística, contribuindo para que a teoria fosse conhecida também pelo público leigo;
  - Langevin trabalhou com ciência, com divulgação científica e com ensino, sendo um dos autores da reforma Langevin-Wallon.
- A explicação da natureza da luz:
  - foi um processo feito a muitas mãos, do qual participaram cientistas como I. Newton, Fresnel, Huygens, Young, entre outros;
  - havia uma polêmica instalada, pois a luz podia ser compreendida ora como corpúsculo, ora como onda;

- o experimento de dupla fenda de Young estabeleceu uma explicação ao demonstrar o fenômeno da interferência luminosa.

- A história da ciência nos possibilita compreender a importância de questionamentos, dúvidas e polêmicas como parte da construção de conceitos científicos. Esse raciocínio nos afasta de uma compreensão simplista e dogmática da ciência como uma atividade linear, feita por gênios que se direcionam sempre para as respostas certas.

Física cultural em foco

O HOMEM que viu o infinito. Direção: Matthew Brown. Reino Unido, 2015. 116 min.

O filme trata da inserção de um estudante indiano na Inglaterra no início do século XX. Em 1913, o matemático autodidata indiano S. Ramanujan muda-se para Londres para estudar em Cambridge e ser orientado por Hardy. A vida de Ramanujan na Inglaterra é permeada pelo preconceito racial e acadêmico, trazendo solidão e problemas físicos de saúde. São culturas muito diferentes e o conceituado professor Hardy sofre ao perceber no aluno um brilhantismo que se sobrepõe aos acadêmicos do Trinity College.

SILVA, L. F. e. **O pluralismo teórico em Ludwig Boltzmann**. 130 f. Dissertação (Mestrado em Ensino, Filosofia e História das Ciências) – Universidade Federal da Bahia, Salvador, 2019. Disponível em: <https://repositorio.ufba.br/bitstream/ri/29752/1/Disserta%C3%A7%C3%A3o%20Leonard%20Silva%20-%20O%20Pluralismo%20T%C3%A9orico%20em%20Ludwig%20Boltzmann.pdf>. Acesso em: 10 maio 2023.

Indicamos a leitura do "Anexo A – Explicação da entropia e do amor a partir dos princípios do cálculo de probabilidade". Esse texto, preservado pela família de Boltzmann, foi traduzido por Leonard Fernandes e Silva e faz parte de sua dissertação de mestrado intitulada "O pluralismo teórico em Ludwig Boltzmann". Sua leitura contribui para a formação do leitor acerca do homem, cientista e filósofo da ciência que marcou a física com sua trajetória.

Elementos em teste

1) Acerca da importância da máquina a vapor para a transformação do mundo do trabalho e da própria sociedade do século XIX, assinale a alternativa correta:

   a) As locomotivas a vapor possibilitaram o transporte de produtos por maiores distâncias e também o transporte de pessoas que anteriormente ficavam isoladas em suas regiões de origem.

b) A máquina a vapor não fez parte da 1ª Revolução Industrial, pois essa revolução se baseou em atividades agrárias na produção de alimentos.

c) Apesar de ter tido seu papel na evolução dos transportes, as máquinas a vapor caíram no esquecimento e não têm lugar no imaginário popular contemporâneo.

d) As máquinas a vapor foram desenvolvidas apenas como locomotivas e sua tecnologia não beneficiou, como força motriz, as indústrias dos séculos XIX e XX.

e) As locomotivas foram desenvolvidas em separado dos interesses da ciência na termodinâmica, não refletindo, dessa forma, um interesse da sociedade da época.

2) Boltzmann foi um dos físicos mais proeminentes de seu tempo, tendo contribuído enormemente para o desenvolvimento da física teórica. Acerca de sua trajetória acadêmica, analise as afirmações a seguir e indique V para as verdadeiras e F para as falsas.

( ) Convergia com as ideias de Maxwell, tendo se correspondido com este sobre a teoria cinética dos gases.

( ) Não foi influenciado por Charles Darwin, por rejeitar a perspectiva darwinista, como o pluralismo teórico.

( ) Foi autor do verbete "Modelo" na 11ª edição da Enciclopédia Britânica, publicada em 1902.

( ) Foi um ativo articulador entre a filosofia e a ciência, ocupando a cátedra de filosofia da natureza na Universidade de Viena.

Agora, assinale a alternativa que apresenta a sequência correta:

a) V, F, V, V.
b) F, F, V, V.
c) F, F, F, V.
d) V, V, V, F.
e) V, V, F, V.

3) Sobre o papel do Iluminismo e suas repercussões na construção da ciência, é correto afirmar:
   a) O Iluminismo serviu de sustentação filosófica para que transformações sociais fossem possíveis, pois suas ideias permitiram ao cidadão comum entender-se como um sujeito de direitos, com arbítrio sobre sua vida.
   b) O movimento iluminista foi uma filosofia e, como tal, não trouxe consequências na estruturação da sociedade, tendo ficado circunscrito aos meios acadêmicos do século XVIII.
   c) Ao pintar cenas do cotidiano do trabalho, Joseph Wright construiu uma obra que se colocava contra os ideais iluministas na França e na Inglaterra.

d) O Iluminismo foi uma ideia dos nobres, uma vez que estes precisavam melhorar a relação com a Igreja, que protegia os cidadãos que prestavam serviços para o reino.

e) Inexiste articulação possível entre ciência e filosofia do século XVIII, sendo, dessa forma, o movimento iluminista inscrito em uma realidade diferente da que viviam os cientistas da época.

4) Sobre o papel de Paul Langevin na construção da ciência da primeira metade do século XX, analise as afirmações a seguir e indique V para as verdadeiras e F para as falsas.

( ) Langevin foi um importante cientista francês que defendeu publicamente a teoria da relatividade, discutindo inclusive seus conceitos e limites com uma linguagem acessível a públicos diversificados.

( ) Contribuiu financeiramente com a Cooperativa de Ensino de Marie Curie, mesmo nunca tendo trabalhado nessa iniciativa.

( ) Para Langevin, o ensino deveria buscar priorizar os conhecimentos "utilitários", que se fundamentam nas aplicações do conhecimento científico.

( ) Langevin defendeu o ensino "educativo" por entender que apenas a ciência por si e seus fundamentos são a base suficiente e necessária na escolarização.

( ) Foi editor da Revista *La Pensée*, importante publicação de divulgação científica, e dedicou-se a propagar a Campanha Relativística também por meio de palestras e discursos.

Agora, assinale a alternativa que apresenta a sequência correta:

a) V, F, F, F, V.
b) V, V, F, V, F.
c) F, V, F, V, F.
d) V, F, V, F, V.
e) F, F, V, V, F.

5) Na busca por uma teoria que explicasse o comportamento da luz, muitos cientistas participaram com suas ideias e descobertas. Um elemento fundamental nesse processo, capaz de demonstrar o fenômeno da interferência luminosa, foi:

a) o experimento com a dupla fenda de Young.
b) o experimento com o prisma feito por Newton.
c) a publicação do princípio de Huygens.
d) a explicação matemática de Kirchhoff.
e) o comprimento de onda determinado por Fresnel.

Postulados críticos em análise

Reflexões evolutivas

1) Faça uma lista de cinco itens que você identifica como primordiais para o sucesso de uma teoria científica. Liste itens que você reconhece como fundamentais para que uma teoria científica tenha reconhecimento.

2) Redija um texto autoral de, pelo menos, dois parágrafos ou seis linhas sobre com o tema "ciência e sociedade: o século XX e suas transformações".

3) As revistas científicas já desempenharam papel importante na divulgação científica, no entanto, contemporaneamente, a mídia impressa ganha cada vez menos espaço. Procure pensar um pouco sobre esse assunto e aponte ao menos dois aspectos que você considera como ganhos e dois que podem ser vistos como perdas nesse processo.

4) Imagine que você foi convidado a dar uma pequena palestra sobre a evolução dos conhecimentos científicos em uma turma de ensino médio. Seus ouvintes têm em torno de 16 anos. Que exemplo ou recurso você usaria como base para encantar e prender a atenção desses jovens?

Eventos físicos na prática

1) Confira a obra de arte "Um experimento em um pássaro na bomba de ar", de Joseph Wright of Derby, artista que pintava cenas de ciência articuladas à Revolução Industrial do século XVIII. Ao observar a pintura, procure identificar quais aspectos dela remetem à produção de conhecimento científico ou artístico. O que chama mais sua atenção? Como você identificaria o papel de cada um dos personagens que fazem parte da tela?

WRIGHT, Joseph. **Um experimento em um pássaro na bomba de ar**. 1768. Óleo sobre tela: 1,83 × 2,44 m. National Gallery, London. Disponível em: <https://www.nationalgallery.org.uk/paintings/joseph-wright-of-derby-an-experiment-on-a-bird-in-the-air-pump>. Acesso em: 31 maio 2023.

Quebras de paradigmas da física moderna

Milene Dutra da Silva

3

> *"Nada é tão maravilhoso que não possa existir,
> se admitido pelas leis da natureza."*
> (Michael Faraday, citado por Jones, 1870, p. 253,
> tradução nossa)

O eletromagnetismo é uma área de conhecimento da física cujo desenvolvimento foi fundamental para trazer conforto, segurança e outros benefícios para a sociedade.

Os conhecimentos sobre a eletricidade e o magnetismo trouxeram profundas modificações sociais, tendo sido, inclusive, entendidos inicialmente como "centelha da vida". Já no início do século XX, foi o eletromagnetismo de Maxwell, somado à teoria de Planck, que formou a base para que Albert Einstein pudesse postular a teoria da relatividade.

3.1 Eletromagnetismo clássico, ondas eletromagnéticas e a primeira unificação da física

Embora ainda em 1600 o físico William Gilbert (1540-1603) tenha publicado o livro *De Magnete*, e mesmo os gregos já conhecendo algumas propriedades do âmbar, a verdade é que, até o início do século XVIII, os conhecimentos disponíveis acerca da eletricidade e do magnetismo eram bem insipientes (Aragão, 2006).

Figura 3.1 – Experimento de Franklin, junho de 1752, de Currier e Ives: Benjamin Franklin demonstrando a existência de relâmpagos e eletricidade

CURRIER, Nathaniel; IVES, James Merritt. **Franklin's Experiment, June 1752**. 1876. Litografia. Nova York.

Foi apenas com os experimentos de Benjamin Franklin (1706-1790) que se formou a "noção de eletricidade positiva e negativa". Em 1752, esse escritor, cientista e estadista "protagonizou a experiência célebre com o papagaio de papel, que o ajudou a estabelecer a natureza elétrica da descarga" (Aragão, 2006, p. 68).

Após esse experimento, sabia-se apenas que:

- um corpo portador de cargas de mesmo valor, uma negativa e outra positiva, é eletricamente neutro;
- cargas de mesmo sinal se repelem, enquanto as de sinal diferente se atraem.

Pouco tempo depois, em 1759, o físico francês Charles Coulomb, com base em suas investigações experimentais sobre corpos eletrizados, foi capaz de afirmar que as forças de atração e repulsão "são inversamente proporcionais ao quadrado da distância que os separa" (Aragão, 2006, p. 68).

Figura 3.2 – Ilustração da Lei de Coulomb seguida de sua formulação matemática

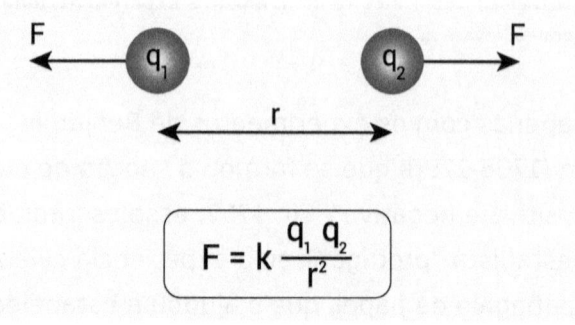

$$F = k \frac{q_1 q_2}{r^2}$$

Dream01/Shutterstock

Ainda no período em que o método principal era a experimentação – segundo nos conta a história, por mero acaso –, um aluno de Luigi Galvani (médico, físico e professor de anatomia) aproximou os nervos de uma rã "esfolada" de uma máquina elétrica. Quando os membros do pequeno animal se agitaram, Galvani:

> julgou poder concluir que os músculos são dotados de uma eletricidade particular. Volta, que era professor de física, não concordou e gerou-se uma controvérsia entre ambos, sobre as causas das contrações verificadas nos músculos de uma rã, ao contato de dois materiais. Volta concluiu que contrariamente, os músculos dos animais desempenhavam apenas o papel de condutores de eletricidade, e como resultado da controvérsia surgiu, em 1800, a pilha elétrica ou pilha de Volta, que este investigador, nesse ano, apresentou à Sociedade Real de Londres. (Aragão, 2006, p. 69)

A pilha de Volta foi base para os posteriores estudos sobre a corrente elétrica, e ainda atualmente é tema recorrente em aulas de Física Experimental para a educação em ciências. Nesse sentido, é importante observar que:

> Baterias como a de Volta representaram um grande progresso nos usos da eletricidade, e no decorrer do século seguinte elas foram gradualmente aperfeiçoadas, tornando-se fontes práticas de energia. Mas a explicação de como as baterias realmente funcionam só veio depois que uma teoria química sólida foi estabelecida na segunda metade do século XIX. O uso da eletricidade nessa época é um exemplo de como um fenômeno pode ser observado, e utilizado de modo restrito, sem que haja uma perfeita compreensão de como funciona. (White, 2003, p. 193)

Figura 3.3 – Ilustração de Alessandro Volta

Desse movimento, fizeram parte Laplace, que, em 1780, formulou as leis mais elementares do eletromagnetismo, e Hans C. Oersted, que, em 1820, fez a descoberta que leva seu nome, *efeito Oersted*, ao perceber que cargas elétricas em movimento criam um campo magnético (Aragão, 2006).

Mas foi Michael Faraday quem se tornou um nome fundamental na história. Discreto, autodidata e protegido por Humprhry Davy (importante cientista e iluminista inglês), Faraday dedicou-se a compreender a eletricidade e o magnetismo.

> A coisa mais importante que Faraday descobriu foi uma propriedade que hoje é conhecida como "indução eletromagnética", investigada por ele numa série de experimentos realizados em 1831 na Royal Institution. Poucos anos antes, quando Faraday iniciava suas

experiências, um francês, André-Marie Ampère (cujo nome foi dado à unidade de intensidade da corrente elétrica, o ampère), mostrara que uma corrente elétrica passando por um fio produzia um campo magnético ao redor do fio. Efetivamente, esse fio se comportava como uma barra magnética – quando uma corrente passava por ele, fazia a agulha de uma bússola mover-se. Em suas experiências, Faraday descobriu que o fenômeno exatamente inverso também ocorria. Ele movimentou um magneto em direção a um fio e constatou que se produzia uma corrente elétrica no fio. (White, 2003, p. 194)

A indução eletromagnética está na base de muitos inventos que trouxeram benefícios sociais e desenvolvimento tecnológico, mas foi Maxwell quem estabeleceu a formulação matemática que comprovou teoricamente a ciência experimental de Faraday.

Ainda no século XIX, mais precisamente em 1864, Maxwell impactou o mundo da ciência ao conseguir traduzir em quatro equações fundamentais a conexão entre a eletricidade e o magnetismo. Suas equações são capazes de descrever o comportamento das ondas eletromagnéticas e determinar matematicamente a constante c (velocidade da luz) sem adotar-se para isso um referencial, como classicamente se faz quando se trata de velocidades.

Figura 3.4 – Ilustração com as equações de Maxwell

$$\nabla \cdot D = \rho$$
$$\nabla \cdot B = 0$$
$$\nabla \times E = -\frac{\partial B}{\partial t}$$
$$\nabla \times H = J + \frac{\partial D}{\partial t}$$

only_better.pt/Shutterstock

Até o momento, você deve ter percebido que, em pouco mais de 50 anos, aconteceram vários descobrimentos, mas, até a unificação proposta por Maxwell, a história da eletricidade parecia uma coletânea de descobertas isoladas.

Os fenômenos ligados à eletricidade passaram a ser cada vez mais investigados e mantinham-se como foco de interesse de muitos pesquisadores por estarem diretamente ligados a questionamentos feitos durante centenas de anos por cientistas e filósofos acerca da natureza da luz, mas também porque era um tema que dizia respeito à melhoria da qualidade de vida. De acordo com o historiador G. Blainey (2008, p. 330):

Durante o século 19, uma mudança extraordinária atingiu algumas cidades da Europa, Austrália, América do Norte e Ásia: a noite deixou de ter um contraste nítido com o dia. Dentro das casas, pela primeira vez na história, a luz artificial à noite era frequentemente mais clara que a luz natural do dia, graças à abundância do óleo de baleia, ao novo querosene extraído dos campos petrolíferos subterrâneos e à invenção do gás e da eletricidade. Muitas atividades diurnas podiam, se necessário, ser continuadas durante as primeiras horas da noite. Além disso, em 1900, as ruas das grandes cidades eram iluminadas por eletricidade e interligadas por bondes e trens, permitindo às pessoas viajarem pequenas distâncias para executar suas atividades sociais após o anoitecer.

Podemos imaginar a potência de transformações dessa natureza e o que elas trazem como consequência, positivas ou não.

3.2 Covariância das leis físicas como prerrogativa: embate entre a física newtoniana e o eletromagnetismo

Nas discussões já trazidas nesta obra, buscamos deixar claro o quanto uma visão dogmática e instrumental da ciência é prejudicial para a aprendizagem e para a própria produção/divulgação do conhecimento científico.

Algumas formas usuais de reforçar esse dogmatismo são:

- afirmar que os argumentos da ciência são indiscutíveis;
- apresentar os cientistas como ensimesmados e deslocados da vida social;
- não estabelecer relações entre as condições socioeconômicas e a produção da ciência;
- desvincular a área científica da produção cultural de uma sociedade;
- crer que a ciência é uma atividade desenvolvida por gênios que têm uma especial "facilidade" na solução de problemas complexos.

Ao assumir posições como essas, o indivíduo se sente afastado da produção científica e deixa de compreender a perspectiva histórico-cultural do fazer científico.

Os recortes da história da ciência que selecionamos neste livro tem a função de exemplificar o quanto os aspectos filosóficos, sociológicos e econômicos interferem e, por vezes, determinam que as inovações cientifico-tecnológicas aconteçam.

O episódio que ora enfocamos diz respeito à produção daquele que é considerado o maior cientista de todos os tempos: Sir Isaac Newton. Conhecer elementos da produção científica de Newton de maneira contextualizada é uma oportunidade de nos desvencilharmos de crenças equivocadas como a lenda da maçã e outras histórias.

Segundo Brito et al. (2014, p. 216):

A HC [história da ciência] mostra que em um contexto de grandes transformações na sociedade europeia, no período que se estende do início do século XVII até o final do século XIX, houve significativas mudanças na filosofia natural. Esse período, concernente àquela que chamamos de Ciência Moderna, caracterizou-se principalmente pela nova forma de produção do conhecimento, num processo que pretendia criar um caminho seguro para a obtenção de supostas verdades.

Entre os cientistas que se destacaram nesse período, Newton tem um lugar especial por ter escrito com propriedade sobre vários assuntos, sempre com consistência teórica, rigorosidade metódica e medições precisas.

A partir do século XVIII, houve uma consolidação, uma valorização da atividade científica. Já ao final desse século, a visão de natureza newtoniana encontrava-se como o paradigma dominante na ciência.

A unificação das leis que regem o comportamento da natureza sempre foi um ideal científico, e as Leis de Newton são capazes de descrever matematicamente o movimento de um corpo, no tempo e no espaço. Assim, uma ciência com base na experimentação qualificada e apoiada na linguagem matemática para expressão dos fenômenos físicos se constituiu em um modelo de ciência moderna.

No entanto, na segunda metade do século XIX, com as equações de Maxwell que tornaram possível a abordagem dos fenômenos eletromagnéticos, o determinismo das leis newtonianas e o próprio mecanicismo passou por um período de turbulentas discussões. Como afirma Peduzzi (2015a, p. 1):

> Como era de se esperar, a ideia de uma 'segunda física', de um modo alternativo de pensar e de fazer ciência, que nascia com o conceito de campo (elétrico, magnético, eletromagnético), encontrou forte resistência entre aqueles que defendiam a continuidade da hegemonia do conceito mecânico.

Discutir uma teoria não quer dizer, de modo algum, invalidá-la.

Até então, o mecanicismo entendia como necessário um meio para que os fenômenos físicos acontecessem; como exemplo, a luz se propagaria no éter luminífero, um teórico meio homogêneo e neutro. Essa ideia acabou sendo contestada por Maxwell:

> possuindo extraordinários conhecimentos e excepcionais habilidades no campo da matemática, Maxwell se empenha em dar uma estrutura matemática ao eletromagnetismo, como um todo. Para isso apoia-se em dois pressupostos básicos:
> a. As ações elétricas e magnéticas se transmitem contiguamente, e não a distância;
> b. é possível encontrar uma explicação mecânica para os fenômenos eletromagnéticos. (Peduzzi, 2015a, p. 112)

Para esse empreendimento, Maxwell se utilizou de modelos e analogias, aderindo às ideias iniciadas por Faraday, Coulomb, Ampere e Gauss. Assim, ele procurou "ressaltar, com ênfase, [...] que o éter luminífero, no qual se admite que a luz se propaga, e o meio eletromagnético são, na verdade, um só" (Peduzzi, 2015a, p. 113).
Maxwell entendia serem necessárias bases mais sólidas para que se pudesse explicar a unificação entre o magnetismo e a eletricidade.

> As equações que enfim postula, e que aparecem em sua obra A *treatise on electricity and magnetism* (Tratado sobre eletricidade e magnetismo), de 1873, sintetizam matematicamente todo o conhecimento no domínio do eletromagnetismo clássico. [...] Elas desempenham no eletromagnetismo papel análogo ao das leis de Newton na mecânica clássica. (Peduzzi, 2015a, p. 113)

Figura 3.5 – Equações de Maxwell em notação integral, relacionadas às leis de Gauss, Farady e Ampère

Lei de Gauss

$$\oint_S \overline{E} \cdot d\overline{A} = \frac{Q}{\varepsilon_0}$$

(continua)

(figura 3.5 – conclusão)

Lei de Gauss para o magnetismo

$$\oint_S \vec{E} \cdot d\vec{A} = 0$$

Lei de Ampère-Maxwell

$$\oint_S \vec{B} \cdot d\vec{l} = \mu_0 \varepsilon_0 \frac{d\phi_B}{dt} + \mu_0 I$$

Lei de Faraday

$$\oint_S \vec{E} \cdot d\vec{l} = \frac{d\phi_B}{dt}$$

O desenvolvimento da corrente de deslocamento fez com que fosse adicionado um termo a mais na Lei de Ampère, que passou a se chamar *Lei de Ampère-Maxwell*.

Entre essas famosas equações, está a segunda, conhecida como *Lei de Gauss*, que afirma a não existência de monopolos magnéticos. Nesse sentido, as equações de Maxwell apresentam o magnetismo como um subproduto da eletricidade e trouxeram consigo um novo problema para física: elas não são invariantes ante as transformadas de Galileu.

Isto é, o princípio da relatividade de Galileu, válido para os fenômenos mecânicos, não se aplica ao eletromagnetismo. Essa constatação teórica coloca, de imediato, a equivalência física dos observadores inerciais em cheque [sic], trazendo novamente à discussão a questão do referencial absoluto na física. (Peduzzi, 2015a, p. 115)

Os defensores do mecanicismo acreditam na validade do princípio da relatividade de Galileu e entendem ser impossível a condução de uma experiência mecânica em um sistema inercial, uma vez que nenhum observador a fará de fora do sistema, "já que não é possível a observação de um espaço vazio, sem matéria" (Peduzzi, 2015a, p. 115).

Figura 3.6 – Transformadas de Galileu

$$x^l = x - vt$$

$$y^l = y$$

$$z^l = z$$

$$t^l = t$$

Mais uma vez um impasse na física exigia dos cientistas uma resposta que alinhasse teoria e experimentação, agora descritas com precisão pela linguagem matemática.

3.3 Relatividade restrita como transformação real e base para o entendimento do espaço-tempo

"Deus não joga dados."
(A. Einstein, citado por Pluch, 2007, p. 2)

Poucas teorias incitam tanto a curiosidade como a teoria da relatividade, por conta de algumas questões, entre elas, ter sido construída com bases metodológicas de investigação diversas às estabelecidas como método até então.

Assim, é importante discutir um pouco essa questão do método, pois é bastante comum ouvirmos a utilização do termo *método científico* como um argumento suficiente e autoritário.

Entende-se por *método* o caminho percorrido pelo pesquisador para encontrar, definir e sustentar suas proposições. Videira (2006, p. 23) afirma que, "durante muito tempo, pensou-se que a ciência seria o que é graças ao fato de que existiria uma coisa chamada método científico".

Esse método perdura desde o século XVI (teve em sua origem Galileu e Francis Bacon) e, por vezes, é confundido com o Positivismo (corrente filosófica do século XIX); mas, em resumo, reconhece-se que foi um método capaz de: "a) conduzir com segurança os cientistas às descobertas que almejam; e b) argumentar que aquelas descobertas são, de fato, verdadeiras e bem fundamentadas" (Videira, 2006, p. 23).

Assim, até o século XIX, a filosofia e a física se desafiaram no que diz respeito a consequências, possíveis limitações e razões pertinentes à estrutura do método. A história está recheada de sucessos e fracassos creditados ao método científico, que foi sendo revisitado à luz de novas possibilidades de pesquisa.

Determinada visão de ciência vigente dá margem a uma visão de mundo, e os filósofos, cientistas e epistemólogos passaram a buscar nos métodos da ciência um caminho para estabelecer o que podemos chamar de *a verdade do conhecimento*. Um dos pilares dessa confiança no método científico foi o sucesso da física, que conseguiu solucionar suas principais questões, tendo sido, a partir do século XIX, tomada como modelo para outras áreas, como as ciências econômicas e humanas.

A natureza dos objetivos, interesses e processos de validação dessas outras áreas de conhecimento faz com que o sucesso do método científico, quando aplicado, por exemplo, na economia, seja no mínimo questionável. Dessa forma, a defesa do método científico tradicional, mesmo nas ciências da natureza, passou a ser vista como algo conservador e antiquado (Videira, 2006).

Outra justificativa para algo que pode ser chamado de *superação do método* é, justamente, que a forma de se fazer ciência mudou. E mudou por vários motivos:

- a formação dos cientistas dos séculos XIX e XX é diferente da dos séculos XVI ao XVIII;
- o contexto de produção da ciência é outro;
- houve o desenvolvimento da linguagem matemática e dos conhecimentos de estatística;
- os recursos materiais são diferentes, por exemplo, os tecnológicos.

Além de tudo isso, o caminho adotado para investigação pelos cientistas não tem mais a base empírica e experimental que caracterizava os períodos anteriores. Ou seja, podemos inferir que, a partir do século XX, faz-se ciência por outros e novos caminhos.

A teoria da relatividade foi um marco histórico nesse processo. Einstein postulou a teoria, ele não investigou experimentalmente as verdades que afirmava existirem. E mais: suas afirmações desestabilizaram as bases das teorias anteriores. Observe que esse aspecto traz consigo não só uma nova física, mas também uma nova epistemologia da ciência.

A teoria da relatividade restrita ou especial está sedimentada em dois postulados:

> 1º **O princípio da Relatividade**: As Leis Físicas devem ser as mesmas em quaisquer referenciais inerciais.
>
> 2º **A Constância da Velocidade da Luz**: A Velocidade da Luz no vácuo tem o mesmo valor, de c ≈ 3 × 108m/s, quando medida a partir de qualquer referencial inercial. Esse valor independe da velocidade do observador ou da fonte emissora de Luz.

Fonte: Postulados..., 2023, grifo do original.

Isso significa que o valor medido para o tempo que decorre em determinado evento pode ser diferente para diferentes observadores – o que não converge com a nossa experiência cotidiana. Essa e outras deduções que podem ser feitas com base nos postulados de Einstein foram revolucionárias para a descrição que a ciência fazia, até então, da natureza.

3.4 Consequências da relatividade na forma de visão da natureza: massa e energia

Ao afirmar que $E = mc^2$ e que a velocidade da luz (c) é uma constante universal, Einstein relativizou a massa, que era entendida como uma propriedade da matéria.

Assim, com c constante, massa e energia são diretamente proporcionais e podem, entre outros, informar a quantidade de energia que resulta de um processo físico, o que é muito poderoso:

> Essa equação enuncia que a energia que podemos obter de uma determinada quantidade de matéria é igual à massa de matéria multiplicada pela velocidade da luz e novamente multiplicada pela velocidade da luz. Em outras palavras, como c^2 (c vezes c) é um valor tão grande, uma quantidade ínfima de matéria pode ser convertida em uma enorme quantidade de energia. (White, 2003, p. 256)

Embora já tenhamos tantas vezes visualizado, lido e estudado essa equação, a descrição em palavras simples feitas por M. White (2003) nos permite perceber a imponência científica e o poder político do conhecimento contido nessa afirmação.

Embora Einstein não tenha sido um estudioso da mecânica quântica, seus postulados serviram de base para todo o desenvolvimento científico chamado de *física moderna*. Esse conhecimento extrapola a física e abrange a química, a bioquímica, a astrofísica, a medicina, a computação, entre outras.

A relatividade influenciou também outras áreas da cultura humana, como as artes. Como exemplo, podemos citar Pablo Picasso, que foi um grande pintor espanhol, um dos mestres fundadores do cubismo, estilo artístico no qual diferentes ângulos de um mesmo modelo são mostrados simultaneamente. A ideia pode ser compreendida como uma leitura artística da nova compreensão de espaço-tempo trazidas pela ciência.

3.5 Desconstrução do átomo

É bastante estimulante conhecer a história e pensar no início do século XX. Foi um período trágico por conta das guerras na Europa, continente ao mesmo tempo rico culturalmente e desigual socialmente.

O mundo assistia à revolução na física por conta da teoria da relatividade e do nascimento da mecânica quântica. Também acontecia o desenvolvimento de produtos farmacêuticos, remédios, cosméticos. Os meios de comunicação foram transformados, principalmente pelo nascimento do cinema, e os meios de transporte se tornaram mais rápidos. No Brasil, O voo do 14-Bis em 1906 e a Semana de Arte de 1922 marcaram a cultura nacional.

3.5.1 Estudo da espectroscopia e alguns modelos atômicos

Inicialmente, vamos pensar o seguinte: o átomo não foi descoberto, mas sim teve sua teoria construída. Mais um ponto a favor da inserção da história da ciência e de discussões como a que buscamos fazer juntos.

É fundamental para uma aprendizagem não dogmática que o estudante acompanhe a história e perceba que a ciência foi se alimentando de teorias e argumentos de diferentes autores – ideias que, gradativamente, possibilitaram a construção de uma argumentação sólida em torno da natureza da matéria.

Esse desenvolvimento passou por diferentes modelos, e cada um deles permitiu que nosso conhecimento acerca da interação da matéria com a luz fosse evoluindo. Diversos foram os fenômenos estudados, e as investigações teóricas e experimentais foram determinantes para a explicação do comportamento da natureza que temos hoje.

Figura 3.7 – Evolução do modelos atômicos de 1803 a 1926

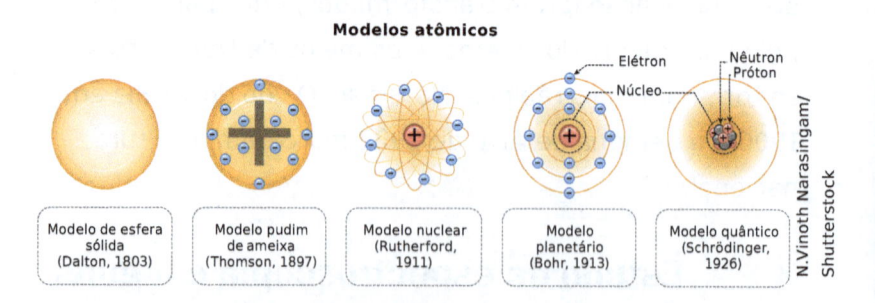

Modelos atômicos

| Modelo de esfera sólida (Dalton, 1803) | Modelo pudim de ameixa (Thomson, 1897) | Modelo nuclear (Rutherford, 1911) | Modelo planetário (Bohr, 1913) | Modelo quântico (Schrödinger, 1926) |

N.Vinoth Narasingam/Shutterstock

Para entendermos a relação entre a espectroscopia e a evolução da teoria atômica, vamos retomar muito brevemente alguns passos na história. Até o final do século XIX, predominavam duas concepções que permeavam diferentes modelos e explicações, havia cientistas que a consideravam contínua em oposição aos adeptos de uma visão particulada. Para aqueles que aceitavam a ideia de átomo como o menor constituinte da matéria, o desafio era representá-lo e compreender como era constituído. (Vasconcelos; Forato, 2018, p. 860)

Partindo do modelo de Dalton, J. J. Thomson foi trabalhando e evoluindo sua noção sobre a estrutura atômica.

Em um de seus modelos, proposto em 1904, Thomson considerou que não havia espaço vazio no átomo, e os elétrons negativos circulavam em anéis coplanares dentro de uma esfera preenchida uniformemente com uma carga positiva (HEILBRON, 1981). Como não haveria espaços vazios, essa matéria em forma esférica com carga positiva seria algo sutil, que permitiria o deslocamento dos elétrons em seu interior. J. J. Thomson acreditava que os elétrons seriam feixes de partículas. (Vasconcelos; Forato, 2018, p. 860)

Veja que, ao ler essa descrição, o modelo de Thomsom nos parece muito mais elaborado do que a pobre referência, em geral feita nos livros didáticos que o chamam de "pudim de passas", sem informar que Thomsom entendia o modelo como dinâmico e preocupava-se em explicar porque o átomo não colapsava.

Rutherford foi aluno de Thomsom em Cambridge e trabalhou com H. Geiger e E. Marsden em experimentos que "possibilitavam a contagem das partículas alfa", as quais tinham carga oposta ao elétron (Vasconcelos; Forato, 2018, p. 863). Nesses experimentos, observaram alguns aspectos importantes:

> ao bombardear as lâminas metálicas com essas partículas alfa, algumas dessas sofriam grandes desvios. [...] constataram que quanto maior o peso atômico do metal, maior o número de partículas alfas defletidas, e um número ainda maior de partículas voltavam na mesma direção de origem. [...] a maioria das partículas atravessava o metal sem sofrer qualquer desvio. (Vasconcelos; Forato, 2018, p. 863)

Como o modelo de Thomsom não explicava esse espalhamento, como explicar o fenômeno? Nessa trajetória de pesquisa, Rutherford entendia que os desvios eram decorrentes da repulsão elétrica e propôs um novo modelo atômico: "Esse modelo apresenta o átomo como um sistema solar em miniatura, com elétrons girando com distribuição esférica uniforme, em órbitas circulares, ao redor do seu centro, onde haveria carga elétrica oposta" (Vasconcelos; Forato, 2018, p. 864).

A composição da matéria permanecia palco de inúmeras pesquisas, e fazia parte dessas investigações a utilização do espectroscópio, que foi desenvolvido por Newton para estudar a luz. Esse aparato foi sofisticado por G. Kirchhoff (1824-1887) e R. Bunsen (1811-1899) para o "estudo da constituição da matéria" (Vasconcelos; Forato, 2018, p. 865).

Figura 3.8 – Espectroscópio utilizado por Kirchhoff

LEGENDA:

[a] Bico de Bunsen (chama)

[b] Fio fino de platina encurvado na forma de um espiral, suspenso por uma alça, no qual era colocada a amostra que seria examinada

[c] Tubo (colimador), com uma fenda em uma extremidade e uma lente na outra

[d] Prisma

[e] Telescópio

[f] Vara que servia para girar o prisma e o espelho

Muitos foram os cientistas que se utilizaram do espectroscópio para observar principalmente o hidrogênio, em razão de este ser o elemento de composição mais simples.

Figura 3.9 – Espectro de absorção e emissão do hidrogênio

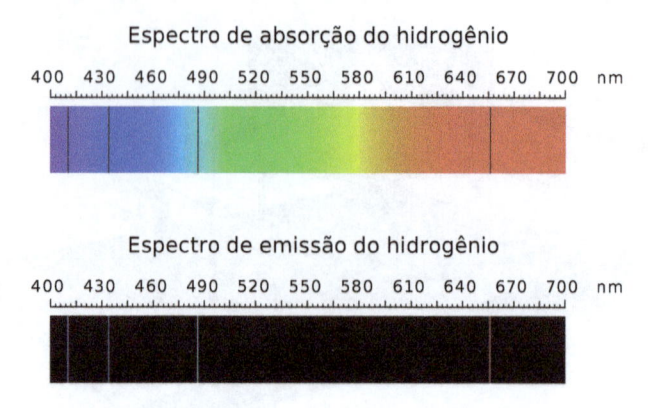

O modelo de Bohr foi o que finalmente somou os conhecimentos da espectroscopia à teoria atômica ao formular um modelo que explicava por que os elétrons se mantinham em suas órbitas. Ao assumir a ideia do *quantum* de energia, Bohr apresentou um modelo consistente, no qual as órbitas têm diferentes níveis de energia.

Epistemologia física em tópicos

Vejamos, a seguir, as principais ideias abordadas neste capítulo.

- Descobertas relacionadas à eletricidade e ao magnetismo:
    - os experimentos de Benjamin Franklin no século XVIII contribuíram para a noção de eletricidade positiva e negativa;
    - Coulomb, com base em investigações experimentaissobre corpos eletrizados, afirmou que as forças

de atração e repulsão destes "são inversamente proporcionais ao quadrado da distância que os separa" (Aragão, 2006, p. 68).
- Alexandre Volta foi responsável por descobrir a primeira pilha elétrica, processo que envolveu conhecer os experimentos de L. Galvani;
- cargas em movimento criam um campo magnético, fenômeno que leva o nome de *Orsted*.
- Princípio da teoria eletromagnética:
  - Faraday descobriu a indução eletromagnética, que é utilizada até hoje como base de vários inventos;
  - Maxwell sistematizou o conhecimento existente sobre a eletricidade e o magnetismo ao criar as equações de Maxwell, capazes de descrever os fenômenos eletromagnéticos.
- Sucesso do mecanicismo:
  - a partir do século XVIII, houve uma consolidação da atividade científica com o paradigma newtoniano como modelo dominante;
  - o mecanicismo passou por um período de discussões com a formulação da teoria eletromagnética;
  - a física foi, até o século XIX, um modelo de sucesso do método científico por ser capaz de responder às suas questões.
- Limites da física clássica:
  - os postulados de Einstein romperam com a tradição determinista e iniciaram uma nova metodologia do fazer científico;

- a teoria da relatividade rompeu com as noções determinísticas de tempo e espaço e impôs uma nova visão de mundo que extrapola a física e interage com outras áreas de conhecimento.
- Criação dos modelos atômicos:
  - os modelos atômicos são ideias construídas para explicar a natureza da matéria;
  - a espectroscopia foi um dos métodos de investigação utilizados para que os pesquisadores pudessem compreender melhor a intimidade do átomo.
- A ciência é uma construção coletiva da qual fazem parte também os indivíduos que não exercem a função de cientista, mas que contribuem com o desenvolvimento social e tecnológico da sociedade.

Física cultural em foco

FRANKESTEIN de Mary Schelley. Direção: Kenneth Branagh. EUA, 1994. 128 min.

O filme conta a lenda de Victor Frankenstein, que, no século XVIII, vai estudar Medicina em razão do interesse e da confiança que tem na ciência e por conta de perdas pessoais. As mortes que ocorreram em sua família despertaram a curiosidade do jovem Victor, e, na Universidade, ele convive com um orientador que vê na eletricidade recém-descoberta a centelha da vida.

Desesperado por trazer de volta à vida aqueles que amava, Frankenstein dedica todo o seu tempo e energia pesquisando sobre como solucionar esse desafio, chegando a dar vida a uma criatura com características peculiares.

Na versão de 1994, o filme tem cenas maravilhosas envolvendo experimentos, faz uma recuperação primorosa da universidade da época e retrata o início do que seria a primeira campanha de vacinação.

FUJITAKI, K. **Guia mangá de eletricidade**. São Paulo: Novatec, 2010.
O livro usa a linguagem do Mangá para explicar conceitos de eletricidade. Ensina e diverte, rendendo excelentes atividades a serem desenvolvidas em sala de aula. Desperta a curiosidade sobre assuntos da física com uma leitura divertida e em uma linguagem bem contemporânea.

Elementos em teste

1) Os séculos XVIII e XIX foram um período no qual a experimentação era o método principal de investigação. A história revela que, nesse processo, aconteceram descobertas que podem ser consideradas mero acaso. Sobre o tema, analise as afirmativas a seguir.
   I) Foi por acaso que um aluno de L. Galvani aproximou os nervos de uma rã esfolada de uma máquina elétrica.

POR QUE

II) Como era médico e não físico, ele queria judiar do animal para ver o quanto uma rã doente suporta sem medicação.

Agora, assinale a alternativa correta:

a) A asserção I é verdadeira e é justificativa da segunda.
b) A asserção II é verdadeira e é justificativa da primeira.
c) As asserções I e II são verdadeiras.
d) A asserção I é falsa e a asserção II é verdadeira.
e) A asserção II é falsa e não é justificativa da primeira.

2) O modelo de pilha elétrica, conhecida como *pilha de Volta*, foi considerado uma grande descoberta e até hoje é utilizado. Sobre essa conquista da ciência, analise as afirmativas a seguir e indique V para as verdadeiras e F para as falsas.

( ) A pilha de Volta é assunto recorrente em aulas de Física experimental.
( ) Volta concluiu que os músculos das rãs observadas por Galvani eram dotados de eletricidade.
( ) A descoberta da pilha elétrica ocorreu no início do século XIX, no ano de 1800.
( ) Por conta das controvérsias que envolveram a descoberta da pilha, Volta se recusou a apresentar a ideia à Sociedade Real de Londres.

Agora, assinale a alternativa que apresenta a sequência correta:

a) V, V, V, F.
b) V, F, F, F.
c) V, F, V, F.
d) F, V, F, V.
e) F, F, V, V.

3) Com relação à teoria eletromagnética de James Clarck Maxwell, é correto afirmar:

a) A teoria estabelecida em 1764 desarticula-se da ciência experimental de Michael Faraday.
b) A falha apontada na teoria de Maxwell foi sua incapacidade de corroborar as ideias de Orsted.
c) As equações de Maxwell foram um grande sucesso de sua teoria e caíram em desuso apenas quando Einstein determinou a constante c como velocidade da luz.
d) As quatro equações de Maxwell descrevem a conexão entre a eletricidade e o magnetismo e podem ser usadas para determinar a constante c.
e) Maxwell baseou sua teoria em postulados complexos e difíceis de serem comprovados, o que afastou os outros cientistas dessas ideias.

4) A ciência é um corpo de conhecimentos bastante específico, que segue métodos e procedimentos próprios e racionais. Ao refletir sobre as possibilidades de articulação da ciência com outras áreas de conhecimento, é correto afirmar:

a) A ideia de articulação é vaga e não deve ser levada para sala de aula, uma vez que só vai confundir o estudante sobre o que é ciência e o que não é.

b) A ciência é uma área que se desenvolveu por meio do trabalho de gênios, o que naturalmente a afasta das demais áreas de conhecimento acadêmico.

c) A ciência é uma construção humana individual e articula-se com as produções artística, histórica e social.

d) A ciência é uma construção coletiva e articula-se com a arte, com a história e com a filosofia, como manifestações do conhecimento e da cultura humana.

e) A arte acontece dentro dos museus e a ciência, dentro dos laboratórios; logo, seus significados são independentes e desconectados.

5) A busca por conhecer a intimidade da matéria é historicamente uma questão muito cara à ciência. Desde a filosofia natural da Antiguidade até a mecânica quântica, elementos que se relacionam com o átomo foram objeto de atenção. Acerca da construção da teoria atômica, é correto afirmar:

a) O modelo chamado "pudim de passas" atrasou o desenvolvimento da teoria atômica por não trazer evoluções sobre o modelo de Dalton.

b) O modelo de Thomson desconsidera a existência de cargas negativas e positivas no interior do átomo.

c) Ao fazer a analogia do átomo de Rhutherford com um pudim de passas, os livros didáticos auxiliam a aprendizagem e contribuem para explicar a complexidade do modelo.

d) A teoria atômica é de simples compreensão, não devendo ser uma preocupação de pesquisadores e professores.

e) Thomsom propôs um modelo que era dinâmico e que buscava explicar por que o átomo não colapsava.

Postulados críticos em análise

Reflexões evolutivas

1) O método científico foi um processo racional no qual a ciência se apoiou com muito sucesso. Foi aplicado em outras áreas – por exemplo, na economia –, obtendo sucesso relativo. No entanto, a defesa do método científico tradicional, mesmo nas ciências da natureza, passou a ser vista como algo conservador e antiquado. Reflita e apresente um argumento sobre essa afirmação.

2) Reflita sobre a seguinte afirmação feita neste capítulo: "o átomo não foi descoberto, mas sim teve sua teoria construída". Agora, procure explicar essa afirmação a alguém que não teve oportunidade de ler este livro.

Eventos físicos na prática

1) A superação de um método ocorre quando a forma de se fazer ciência muda. Essas transformações não se dão aleatoriamente e são motivadas por vários elementos, que se relacionam com:

- a formação e o papel social dos cientistas;
- o contexto de produção no qual esse processo está inserido;
- os recursos materiais disponíveis, que são diferentes, como os tecnológicos.

Visite um museu de sua cidade – por exemplo, um museu de história natural, da tecnologia, da imagem e do som, de arte moderna e contemporânea... Essa visita vai ilustrar muito sua percepção sobre o contexto de produção pregresso.

Caso sua cidade não tenha um espaço desses, faça um *tour* virtual. Os grandes museus das capitais do mundo oferecem essa opção em seus *sites*.

E que tal dar início a um projeto próprio de museu? Organizar o primeiro espaço cultural de seu município pode ser um projeto muito interessante. Comece em uma sala de sua casa, escola, igreja, espaço de trabalho.

Novo paradigma: a física moderna

Barbara Celi Braga Camargo
Milene Dutra da Silva

4

> *"vivemos tempos líquidos, nada é feito para durar"*
> (Zygmunt Bauman[*], 2001)

A transição da física clássica para a física moderna ocorreu com o rompimento do paradigma newtoniano. A física clássica tem como características principais a previsibilidade e o determinismo; já a física moderna tem como características preponderantes as teorias não intuitivas e as interpretações probabilísticas (Sousa Junior; Rosa, 2019).

Essas transformações, que aconteceram predominantemente na primeira metade do século XX, mobilizaram outras áreas do saber. Não por acaso, nesse mesmo período surgiram pesquisadores com formação científica que se dedicaram a explicar as repercussões das transformações ocorridas.

Assim, temos epistemólogos e historiadores da ciência que basearam nessas transformações suas teorias do conhecimento, cuja leitura nos permite ampliar nossa percepção sobre a evolução da ciência.

Assim, na sequência, apresentamos os principais pensadores que tiveram sua produção articulada com o desenvolvimento da física.

---

[*] Zygmunt Bauman (1925-2017) foi um sociólogo e filósofo polonês, professor emérito de Sociologia das universidades de Leeds e de Varsóvia.

Gaston Bachelard

Gaston Bachelard foi um francês que nasceu em Bar-sur-Aube, no ano de 1884, portanto, um homem que vivenciou a virada do século XIX para o século XX. Passou toda sua vida na França e faleceu em Paris, em 1962.

Foi filósofo, químico, poeta e professor, e, assim sendo, teve formação e produção tanto científica como humanista. Sua teoria epistemológica foi publicada em vários livros, sendo um dos principais *A formação do espírito científico*, publicado pela primeira vez no ano de 1938.

Em suas obras, costuma usar a noção de homem diurno para se referir às ações que derivariam mais diretamente da razão, como o fazer científico; e de homem noturno, o que se relacionaria com as emoções e o fazer artístico.

O espírito científico na teoria de Bachelard precisaria de ambos os lados para criar e racionalizar, sem isolar a criatividade do fazer científico.

O autor cunhou também o termo *obstáculo epistemológico*, pelo qual ficou amplamente conhecido, e, em sua obra diurna, abordou a epistemologia e a história das ciências. Dedicou especial atenção para a nova ciência instaurada pela teoria da relatividade (Sousa Junior; Rosa, 2019).

Karl Popper

Austríaco nascido em Viena em 1902, Popper foi psicólogo, filósofo e professor das cátedras de Lógica e e Método Científico. Afirmava que, para uma teoria ser considerada ciência, é preciso ser possível falseá-la, ou seja, se algum conhecimento não pode ser falseável, também não é possível ser provado ou considerado verdadeiro.

Tem no racionalismo crítico seu sistema filosófico para interpretação das ciências, conhecimento este que Popper considerava sempre refutável e temporário. Viveu mais de 90 anos e produziu livros de grande importância para a epistemologia da ciência. Faleceu em 1994, na Inglaterra (Sousa Junior; Rosa, 2019).

Thomas Kuhn

O americano Thomas Kuhn nasceu em Cincinnati, no ano de 1922, e faleceu em Cambridge, em 1996. Sua formação inicial foi a Física e sua teoria epistemológica se baseia na história da ciência, mas isso não quer dizer que Kuhn entendia a ciência como linear. Seu principal livro foi A *estrutura das revoluções científicas*, publicado pela primeira vez em 1962. Seu trabalho foi influenciado pelas ideias do médico e biólogo polonês Ludwick Fleck (Sousa Junior; Rosa, 2019).

Paul Feyerabend

Feyerabend foi um filósofo e escritor austríaco que nasceu em 1924 na cidade de Viena. Estudou física e filosofia e sua teoria epistemológica foi influenciada pelos trabalhos do também austríaco Ludwig Wittgenstein, que pode ser considerado um filósofo da linguagem. Também foi influenciado pelas ideias de Karl Popper e pelo filósofo da matemática e das ciências Imre Lakatos.

Suas ideias envolviam a rejeição pelas regras metodológicas e pelo tradicionalismo na arte e na cultura. Essa visão anarquista fez com que seu nome estivesse ligado a um movimento cultural do início do século XX chamado de *dadaísmo*. Esse movimento de vanguarda extrapolava as artes e ia contra o racionalismo e a imposição de regras estéticas e técnicas.

Paul Feyerabend faleceu em 1994 na cidade de Genolier na Suíça.

Bruno Latour

O francês Bruno Latour é um antropólogo, sociólogo e filósofo da ciência nascido em Beaune, no ano de 1947 – portanto, bem mais novo que os demais já citados.

É considerado um antropólogo da ciência por ter se dedicado a fazer um estudo etnográfico da ciência. Latour fez uma experiência de inserção em um laboratório de pesquisa, o que possibilitou que acompanhasse o cotidiano dos pesquisadores e vivenciasse as dificuldades, os limites e os sucessos em diferentes projetos.

Sua ideia é a de que, no século XX, o importante é o processo, ou seja, a maneira como o cientista se aproximou do seu objeto de conhecimento – o que podemos chamar de *fazer científico*. Os títulos de seus livros sugerem o valor que ele dá ao processo, por exemplo: *A vida de laboratório, Ciência em ação, Jamais fomos modernos,* entre outros.

Procuramos, assim, passar um panorama bastante breve desses autores para que, caso o leitor não os conheça, sinta-se desejoso de ampliar suas leituras na área de filosofia da ciência. Lembramos que esse resumo não faz jus à grandeza da obra de cada um desses autores, mas tivemos o intuito de oportunizar uma primeira aproximação dos que delas podem se beneficiar.

Para o objetivo que ora temos em comum, vamos selecionar Thomas Kuhn como referência, escolha que se justifica pelos seguintes aspectos:

- o período de transição entre a física clássica e a física moderna pode ser explicado sob um viés epistemológico, pela ideia de quebra de paradigmas;
- as proposições de ciência normal e ciência revolucionária convergem com o período que estamos analisando.

De acordo com a Sousa Junior e Rosa (2019, p. 212), no livro de Kuhn *A estrutura das revoluções científicas*, "a Ciência não progride continuamente através de substituições de teorias e sim por meio de rupturas de paradigmas".

O paradigma é o modelo seguido e aceito pela comunidade científica, ou por grande parte dela. Por exemplo, a física clássica estava completamente estabelecida no modelo mecanicista newtoniano, inclusive, o próprio Maxwell, com seu eletromagnetismo, ainda utilizou artifícios como o éter e seus efeitos mecânicos.

A própria existência do éter como um meio necessário para a propagação das ondas eletromagnéticas faz parte do paradigma newtoniano (Rosa, 2006).

Era, assim, a ciência capaz de satisfazer quase todos os questionamentos da época. Sir William Thomson (1824-1907), também conhecido como *Lorde Kelvin*, fez a seguinte afirmação: "existem apenas duas nuvens a serem removidas do céu límpido da física" (Martins; Rosa, 2014).

A perspicácia, a elegância e a ironia contidas nessa frase merecem uma homenagem sofisticada, como a fotografia das duas diferentes nuvens feita pelo professor de Física, astrônomo e fotógrafo Mário Sérgio Teixeira de Freitas.

Figura 4.1 – Duas nuvens sobre um céu límpido (2014)

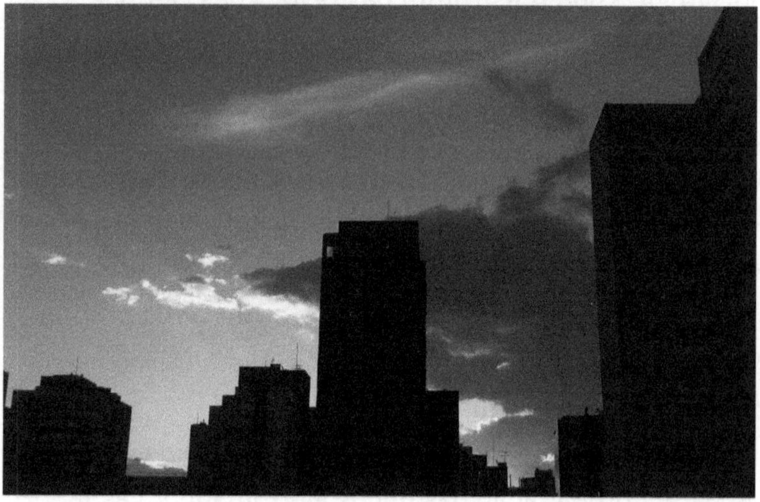

gentilmente cedida por M.S.T.Freitas

Legenda: O *cirrus*, por causa da altura, está pegando os raios do Sol ainda brancos – o *cumulus*, mais baixo, já pegou os raios amarelados pela filtragem tangente à atmosfera.

Uma das nuvens apontadas por Lord Kelvin diz respeito à radiação de corpo negro, que era o problema relacionado ao espectro que um corpo negro emitia ao absorver radiação. A outra nuvem seria o resultado do experimento de Michelson-Morley, que não conseguiu detectar a existência do éter (Schulz, 2007). Ambas são questões que só a física moderna pôde responder.

Diferentemente da física clássica, que têm em sua metodologia a observação dos fenômenos e a medição de suas grandezas, a física moderna não pode utilizar esse mesmo processo para os fenômenos que procura responder, o que traz para essa nova física um caráter de indeterminação (Sousa Junior; Rosa, 2019).

Como já comentamos neste livro, um novo modelo de ciência se articula com um novo modelo cosmológico. Assim, essa "nova física" trouxe outra visão de mundo para os cientistas, com diferentes formas de interpretar a natureza e de fazer ciência, conduzindo a uma quebra no paradigma mecanicista (Sousa Junior; Rosa, 2019).

Para Kuhn, o paradigma vigente é sempre importante, porque é ele o modelo que direciona a pesquisa e aponta não apenas os problemas a serem resolvidos, mas também encaminha as soluções. Um modelo vigente assume o *status* de paradigma quando se torna o mais bem-sucedido entre os seus competidores. Ainda assim, não soluciona todos os problemas, pois ele é uma promessa de sucesso que necessita ser fortalecida. Esse fortalecimento acontece quando o paradigma é posto à prova e dá conta como modelo e como processo de subsidiar as soluções buscadas (Sousa Junior; Rosa, 2019).

A física clássica já não era o suficiente e dava sinais de chegar aos seus limites, logo, o paradigma precisava ser substituído, o que instala um período de crise. Esse período de crise permaneceu até Max Planck (1858-1947), em 1900, propor a quantização de energia, que serviu de base para o surgimento da mecânica quântica (Sousa Junior; Rosa, 2019).

A esse período de crise, até que um novo paradigma se fortaleça e seja instaurado, Kuhn chamava de *ciência revolucionária*. Assim, nas próximas seções, vamos retomar alguns eventos próprios da evolução da física para refletirmos como eles podem ser classificados na perspectiva kuhniana.

O primeiro tema diz respeito a um dos marcos que possibilitaram o desenvolvimento dessa nova física: a descoberta do elétron, a primeira partícula fundamental.

Posteriormente, exploraremos a descoberta dos raios X, da radioatividade e suas aplicações.

Passaremos, em seguida, pelas grandes descobertas de Planck com o corpo negro e o trabalho que levou Albert Einstein (1879-1955) a receber o Nobel de Física, o efeito fotoelétrico.

Finalizaremos acompanhando uma breve discussão sobre a construção dos modelos atômicos de Thomson até chegarmos ao modelo proposto por Bohr.

4.1 Os raios catódicos e a descoberta do elétron

Enquanto estudava a condutividade em gases rarefeitos em 1958, o físico alemão Julius Plücker (1801-1868) observou um fenômeno desconhecido. Em seus estudos, constatou uma luz fosforecente sendo emitida pela radiação produzida pelo cátodo (Plücker, 1858).

Segundo Dekosky (1983), na década de 1870, o químico e físico inglês Sir William Crookes (1832-1919) aprimorou o experimento de Plücker e construiu um tubo de raios catódicos com alto vácuo em seu interior. Em seus estudos, concluiu que os raios carregavam momento linear, uma propriedade relacionada ao movimento das partículas.

Além disso, Crookes aplicou um campo magnético ao tubo, o que fez com que os raios sofressem desvios, demonstrando assim que o feixe se comportava como se estivesse carregado negativamente (Leicester, 1971).

Diversos cientistas estudaram os raios catódicos e expandiram o experimento de Crookes, como o físico britânico Arthur Schuster (1851-1934). Schuster inseriu placas de metal paralelas aos raios catódicos e aplicou um potencial elétrico entre as placas (Schuster, 1890). O campo desviou os raios em direção à placa carregada positivamente, evidenciando que os raios carregavam carga negativa (Leicester, 1971).

Em 1897, Joseph John Thomson (1856-1940) mediu a massa dos raios catódicos. Thomson mostrou que os raios emitidos eram compostos de partículas, entretanto, o espanto maior era pelo fato de essas partículas serem cerca de 1.800 vezes mais leves que o átomo mais leve, o hidrogênio. Portanto, eles não eram átomos, mas uma nova partícula – que ele originalmente chamou de *corpúsculo* e, mais tarde, foi chamada de *elétron* (Keithley, 1999). Por esse trabalho, Thomson recebeu o Prêmio Nobel de Física em 1906.

O elétron foi a primeira partícula subatômica descoberta e trouxe com ela todo um novo campo com a física de partículas.

Paralelamente, o físico francês Antoine Henri Becquerel (1852-1908) estudava minerais naturalmente fluorescentes em 1896 quando descobriu que eles emitiam radiação sem qualquer exposição a uma fonte externa de energia.

Figura 4.2 – O físico francês Antoine Henri Becquerel

O físico neozelandês Ernest Rutherford (1871-1937), encantado pelos materiais radioativos, descobriu que eles emitiam partículas. Essas partículas foram nomeadas de *alfa* e *beta*, com base em sua capacidade de penetrar na matéria (Myers, 1976).

4.2 Raios X

Os raios X também são denominados *radiação X* ou *radiação Röntgen*, em homenagem ao cientista alemão Wilhelm Conrad Röntgen (1845-1923). Ele foi o pesquisador que fez a descoberta dos raios X em novembro de 1895 e, emprestando a ideia de incógnita da matemática, chamou de *radiação X* para expressar um tipo desconhecido de radiação (Novelline, 1997).

Figura 4.3 – Primeira radiografia feita: Rontgen utilizou a mão de D. Bertha, sua esposa

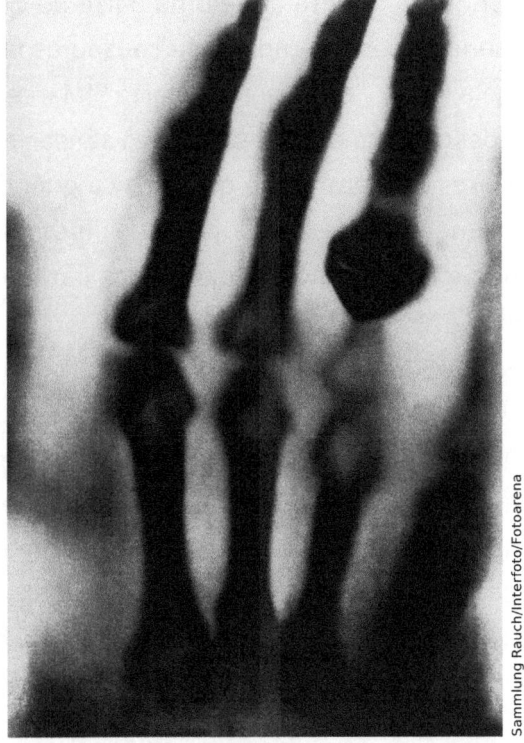

Sammlung Rauch/Interfoto/Fotoarena

Em 1895, Röntgen detectou os raios X enquanto fazia experiências com tubos de Lenard e tubos de Crookes e começou a estudar suas propriedades com muito afinco. Ele escreveu um relatório "Sobre um novo tipo de raio: uma comunicação preliminar". Em dezembro do mesmo ano, submeteu o trabalho à revista Physical-Medical Society de Würzburg (Stanton, 1896). Em razão da descoberta dos raios X, Röntgen recebeu o primeiro Prêmio Nobel de Física em 1901.

As contribuições de Röntgen para o uso médico foram inimagináveis. O cientista fez uma foto da mão de sua esposa em uma chapa fotográfica formada por raios X. Essa foi a primeira fotografia de uma parte do corpo humano usando raios X. A novidade causou espanto e, ao ver a foto, ela disse: "Eu vi minha morte" (Markel, 2012).

A nova descoberta acendeu reações sensacionalistas, similares ao tratamento que a física quântica recebe atualmente. Diversas publicações foram feitas relacionando o novo tipo de raio a efeitos paranormais (Grove, 1997).

O raio-X teve seu primeiro uso médico na Inglaterra, em 1896. O cientista John Hall-Edwards (1858-1926) radiografou uma agulha que estava presa na mão de um colega. Posteriormente, ainda no mesmo ano, Hall-Edwards usou pela primeira vez o raio-X em uma operação cirúrgica (Grove, 1997).

Em 1914, a cientista Marie Curie (1867-1934) desenvolveu carros radiológicos para ajudar os soldados feridos na Primeira Guerra Mundial. Os carros permitiriam imagens de raio-X rápidas de feridos para que os cirurgiões do campo de batalha pudessem operar com mais rapidez e precisão, salvando inúmeras vidas (Jorgensen, 2017). Esses carros "clínica radiológica" eram conhecidos como *Petit Curies*.

Figura 4.4 – Madame Curie ao volante de uma ambulância radiológica, conhecida como *Petit Curies*

Oxford Science Archive / Heritage Images / Imageplus

Assim como a descoberta do elétron, a descoberta dos raios X e suas aplicações podem ser consideradas exemplos de ciência normal. Inclusive, uma das vantagens de se estar em um período de ciência normal é que a produção científica se desenvolve, uma vez que os cientistas seguem o paradigma vigente e se dedicam mais diretamente aos seus objetos de pesquisa.

4.3 Radioatividade

"Nothing in life is to be feared; it is only to be understood."

(Maria Sklodowska-Curie*, 1921)

Segundo Weisstein (2014, tradução nossa): "Na física, a radiação é a emissão ou transmissão de energia na forma de ondas ou partículas através do espaço ou através de um meio material."

Henri Becquerel foi um dos grandes nomes da radioatividade. Em 1896, enquanto estudava alguns tipos específicos de minerais, notou que o raio emitido por eles conseguia passar por uma superfície preta e esbranquiçar uma chapa fotográfica.

"Em continuidade com esse estudo, a sua aluna de doutorado Marie Curie descobriu que apenas certos elementos químicos emitiam esses raios de energia. Ela teria nomeado esse comportamento de radioatividade" (Jeans, 1947, p. 309, tradução nossa).

Marie Curie e seu marido, Pierre Curie, dedicaram suas vidas ao estudo da radioatividade. Marie foi a primeira cientista mulher a ganhar um prêmio Nobel e a primeira pessoa a ganhar dois prêmios em ciências.

---

* Frase proferida em entrevista dada à jornalista norte-americana Marie Mattingly Meloney, em 1921.

Infelizmente, ambos tiveram sua saúde comprometida pela longa exposição à radiação. Pierre, morreu precocemente em 1906, atropelado. Marie faleceu em 1934 em decorrência das sequelas da radiação em seu corpo.

Na atualidade, talvez seja difícil imaginar que uma mente tão genial como a de Marie foi quase perdida pelo retrógrado pensamento machista do século XIX. Marie Curie foi impedida por muitos anos de estudar formalmente tanto por ser mulher quanto por ser polonesa e viver na França. Foi preciso o apoio de seus colegas pesquisadores para que a permitissem atuar como cientista, bem como assumir o cargo de professora titular. Assim, a doutora Marie Curie se tornou a primeira mulher a ocupar a cadeira de professora titular da Universidade de Paris.

Diferentemente do que podemos pensar, as radiações estão presentes em nosso dia a dia, e as radiações de raios cósmicos que atingem a Terra do espaço sideral foram detectadas pela primeira vez em 1912, quando o cientista Victor Hess (1883-1964) transportou um eletrômetro para várias altitudes em um voo livre de balão (Jeans, 1947).

Figura 4.5 – Escultura em homenagem a Marie Curie como a primeira pessoa a ganhar dois prêmios Nobel em Ciências, localizada em Varsóvia, Polônia, cidade natal da cientista

Em 1932, foram detectadas a presença de nêutrons, bem como a radiação de nêutrons livres, por James Chadwick (1891-1974). Logo depois, uma série de outras radiações de partículas de alta energia, como pósitrons, múons e píons, foram descobertos pelo exame da câmara de nuvens de reações de raios cósmicos. Na última metade do século XX, outros tipos de radiação de partículas foram produzidos artificialmente em aceleradores de partículas, demonstrando a articulação da tecnologia com a produção científica como características próprias deste século (Jeans, 1947).

Não é possível falar nesse assunto sem ao menos citarmos o grande Cesar Lattes (1924-2005), cientista brasileiro que foi um dos descobridores de uma nova partícula atômica, o méson π (ou pion). O méson π é um tipo de partícula que, ao se desintegrar, gera um novo tipo de partícula, o méson μ (méson mu ou muon). Essa descoberta levou à concessão do Prêmio Nobel de Física de 1950 a Cecil Frank Powell, líder da equipe de pesquisa.

O fato de Cesar Lattes não ter ganho o prêmio Nobel é uma questão muito polêmica até hoje. Muitos veem a negação desse prêmio como uma preferência dos avaliadores a cientistas de países da Europa e dos Estados Unidos. Não foi a primeira vez que a indicação do prêmio foi questionada, como no caso da cientista Lise Meitner (1878-1968), que teve um papel fundamental no estudo da física nuclear e foi ignorada enquanto seus colegas de laboratório receberam o prêmio.

4.4 O problema do corpo negro, a fórmula de Planck e o efeito fotoelétrico

O século XIX se encerrou com alguns problemas assombrando os físicos. Até o momento eles não tinham sido capazes de explicar por que o espectro observado da radiação do corpo negro (que havia sido medido com precisão) divergia significativamente em frequências mais altas do resultado previsto pelas teorias existentes. Um corpo negro é um objeto idealizado que absorve e emite todas as frequências de radiação. Foi o físico alemão Max

Planck que, em 1900, conseguiu evoluir a problemática rumo a uma solução (Planck, 1914).

Esse é um exemplo de que o paradigma vigente e a ciência normal mostravam seus limites.

Enquanto estudava a radiação do corpo negro, Planck propôs que a energia transportada pelas ondas eletromagnéticas só poderia ser liberada na forma de "pacotes de energia". Com base nessa premissa, em 1905, Einstein publicou um artigo para explicar os dados experimentais sobre o efeito fotoelétrico, no qual propôs a suposição de que a energia luminosa é transportada em pacotes quantizados discretos. Einstein apresentou a ideia de que a energia de cada pacote de luz é igual à frequência da luz multiplicada por uma constante, mais tarde conhecida como *constante de Planck* (Aragão, 2006).

Podemos afirmar que a descoberta de Planck e o efeito fotoelétrico determinam o início da física moderna e, por consequência, iniciam um período de ciência revolucionária.

Foram as medições altamente precisas de Robert A. Millikan (1868-1953) da constante de Planck do efeito fotoelétrico, realizadas em 1914, que corroboraram o modelo de Einstein. Apesar da confirmação de seu experimento, Millikan não era um entusiasta da teoria corpuscular da luz. Pela descoberta da lei do efeito fotoelétrico, Einstein recebeu o Prêmio Nobel de Física de 1921. Equivocadamente, muitos pensam que foi seu trabalho com relatividade que lhe concedeu o prêmio. Millikan também foi agraciado com o Prêmio Nobel no ano de 1923, por seu trabalho sobre a carga elementar da eletricidade e sobre o efeito fotoelétrico (Holton, 1999).

Einstein publicou seu trabalho "Sobre um ponto de vista heurístico sobre a produção e transformação da luz" (um dos cinco artigos de 1905) com a descrição matemática sobre como o efeito fotoelétrico foi causado pela absorção de quanta de luz (Penrose, 2005).

Figura 4.6 – Representação gráfica do efeito fotoelétrico

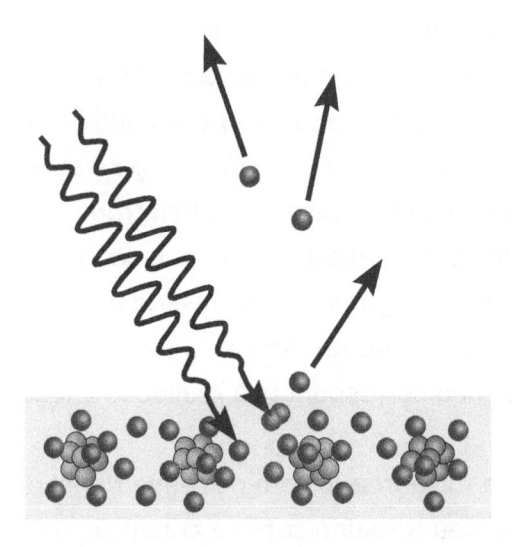

Segundo Penrose (2005), o efeito fotoelétrico ajudou a impulsionar o conceito então emergente de dualidade onda-partícula na natureza da luz. A luz tem, simultaneamente, as características de ondas e partículas, cada uma se manifestando segundo as circunstâncias, de acordo com o fenômeno observado.

4.5 Modelos atômicos: de Thomson a Bohr

Como vimos anteriormente, J. J. Thomson foi um físico britânico cuja parte do trabalho resultou na descoberta do elétron, a primeira partícula subatômica a ser descoberta.

Logo após a descoberta do elétron, Thomson viu a superação do modelo de Dalton e a necessidade de um novo modelo atômico. Propôs, então, seu próprio modelo, conhecido como "pudim de passas". O modelo de Thomson tentou explicar duas propriedades dos átomos então conhecidas: a primeira é referente à carga negativa dos elétrons, enquanto a segunda refere-se ao fato de que os átomos não têm carga elétrica líquida. O modelo de pudim de passas tem elétrons cercados por um volume de carga positiva, que seriam as "passas" carregadas negativamente inseridas em um "pudim" carregado positivamente. Apesar de sua genialidade, seu modelo não correspondia à realidade e logo foi descartado.

Thomson foi laureado com o Prêmio Nobel de Física de 1906 por seu trabalho sobre a condução de eletricidade em gases. Ele era professor e deixou um legado de nove alunos que também ganharam prêmios Nobel (Rayleigh, 1941).

Em 1911, Rutherford foi autor do modelo de átomo que levou seu nome e que continha um núcleo central.

Esse modelo desafiou o modelo de pudim de passas de Thomson (Olszewski, 2016). No mesmo ano, Niels Bohr (1885-1962), apoiado por uma bolsa da Fundação Carlsberg, viajou para a Inglaterra, onde estava sendo desenvolvida a maior parte do trabalho teórico sobre a estrutura de átomos e moléculas.

Bohr recebeu um convite de Rutherford para uma colaboração na Victoria University of Manchester. Bohr, então, adaptou a estrutura nuclear de Rutherford à teoria quântica de Max Planck e, assim, criou seu modelo Bohr de átomo.

Os modelos planetários de átomos já haviam sido trabalhados anteriormente por outros cientistas, entretanto, Bohr modificou o tratamento. Ele introduziu a ideia de que um elétron poderia transitar de uma órbita de energia mais alta para uma mais baixa, emitindo, no processo, um *quantum* de energia discreta. Isso se tornou a base para o que hoje é conhecido como a *velha teoria quântica* (Olszewski, 2016).

A ideia de quantização de Bohr foi uma hipótese heurística, e a solução que ele apresentou com a proposição de seu modelo atômico pertence a uma forma nova de se fazer ciência – fora do paradigma determinista e partindo da instauração de um novo modelo.

No próximo capítulo, exploraremos um pouco mais sobre as teorias atômicas do século XX e veremos os avanços científicos e tecnológicos que esse estudo nos proporcionou.

Epistemologia física em tópicos

Vejamos, a seguir, em tópicos, as principais ideias abordadas neste capítulo.

- Epistemologia da ciência na perspectiva khuniana:
  - Thomas Kuhn, como epistemólogo, explicou as transformações metodológicas ocorridas na construção da ciência durante o século XX;
  - Kuhn estabeleceu o paradigma como o modelo vigente;
  - Para ele, a ciência é uma atividade que se organiza em tempos de "ciência normal" e de "ciência revolucionária".
- Atividades experimentais e os resultados com os raios catódicos:
  - tubo de Crookes – artefatos tecnológicos possibilitando a investigação científica;
  - Schuster expandiu os experimentos de Crookes e, com isso, conseguiu estimar uma razão entre a carga e a massa.
- Descoberta do elétron:
  - o elétron foi a primeira partícula subatômica descoberta;
  - J. J. Thomson trouxe várias contribuições para a construção da teoria atômica.
- Raios X ou radiação Röntgen:
  - a primeira radiografia da história foi realizada no final do século XIX;

- os raios X foram uma descoberta utilizada em importantes aplicações médicas;
- foram utilizados raios X durante a Primeira Guerra Mundial no auxílio aos feridos.
- Pesquisas que levaram à descoberta e às aplicações da radioatividade:
  - Henri Becquerel descobriu que os raios emanados de certos minerais penetravam no papel preto e causavam o embaçamento de uma chapa fotográfica não exposta;
  - Marie Curie dedicou sua vida a entender as propriedades da radioatividade;
  - Marie Curie desenvolveu os carros radiológicos para atendimento em campos de guerra;
  - Marie Curie foi a primeira mulher a ganhar um prêmio Nobel e a primeira pessoa a ganhar dois prêmios em ciências.
- Radiação do corpo negro como um enigma para a física clássica:
  - Planck propôs uma solução para o problema do corpo negro e instituiu a constante de Planck.
  - Einstein publicou, em 1905, um artigo com a hipótese de que a luz é composta por pacotes de energia discretos;
  - em 1921, Albert recebeu o Prêmio Nobel de Física por sua descoberta da lei do efeito fotoelétrico.

- Proposição de novos modelos atômicos:
  - Thomson introduziu o modelo atômico do "pudim de passas";
  - Rutherford apresentou um modelo com núcleo central pequeno;
  - Bohr avançou com o modelo planetário e explicou o funcionamento das órbitas.

Física cultural em foco

RADIOACTIVE. Direção: Marjane Satrapi. Reino Unido, 2019. 109 min.

Rosamund Pike interpreta de maneira muito digna a grande cientista Marie Curie. Nascida como Maria Skłodowska, a histórica vencedora de dois prêmios Nobel, em Física pela descoberta da radioatividade e em Química pela descoberta do rádio e do polônio, tem sua vida adulta narrada nesse filme. O roteirista Jack Thorne adaptou a muito admirada *graphic novel* de Lauren Redniss sobre Marie e seu marido e parceiro científico, Pierre Curie (a quem o comitê do Nobel a princípio queria conferir o prêmio sem Marie – incapaz de acreditar que uma mulher pudesse ser importante numa descoberta científica).

Segundo o jornal *The Guardian*, o filme segue parcialmente o clássico modelo biográfico de época, com a história se estendendo em *flashback*s de Marie sendo levada para o hospital em sua doença final. Mas a narrativa é mais inusitada e ambiciosa – com suas sequências estilizadas de *flashforward* que mostram as consequências da descoberta de Marie, ocorrendo como premonições oníricas. Não é fácil saber como lidar com essas sequências: elas interrompem a narrativa convencional de maneiras interessantes e, no entanto, é desconcertante ver a guerra nuclear como o mal óbvio implantado efetivamente para "equilibrar" as benéficas implicações do tratamento do câncer.

O filme também mostra o trabalho de Marie e Irène com máquinas de raios-X móveis de hospitais de campanha durante a Primeira Guerra Mundial. Vale a pena assistir e aprofundar o conhecimento sobre a vida de uma das maiores cientistas de todos os tempos.

CHERNOBYL. Direção: Johan Renck. EUA/Alemanha/Reino
 Unido, 2019. Minissérie. 5 episódios.
A série narra a grande tragédia da usina nuclear de Chernobyl. A história é tratada com um teor científico muito bom, embora o teor político seja um pouco enviesado para lado estadunidense, o que não chega a corromper por completo a obra. A série tem uma fotografia incrível e pode causar desconforto em algumas partes por conta do realismo.

Apesar de vermos que a radiação pode ter péssimas implicações à saúde, também devemos ter o senso crítico para pesar nas melhorias das condições de vida que essa tecnologia nos proporcionou. Obviamente, tudo deve ser tratado com seriedade, ouvindo os especialistas e com muito investimento em pesquisas e segurança – cuidados que, infelizmente, como é possível ver na série, podem não ter sido tomados no caso do acidente de Chernobyl.

Elementos em teste

1) A teoria de quebra de paradigmas de Thomas Kuhn:
   a) supõe que a ciência progride continuamente.
   b) pode ser exemplificada na transição da física clássica para a física moderna.
   c) é uma teoria abrangente.
   d) não é uma teoria epistemológica válida para a ciência.
   e) impossibilita a explicação das transições de períodos de mudança do pensamento científico.

2) Sobre o efeito fotoelétrico, analise as afirmações a seguir e indique V para as verdadeiras e F para as falsas.
   ( ) Foi um dos feitos que iniciou a física moderna.
   ( ) As medições da constante de Planck do efeito fotoelétrico feitas pelo cientista Robert A. Millikan corroboravam o modelo de Einstein.
   ( ) Não concedeu o Nobel para Einstein, como a teoria da relatividade.

Agora, assinale a alternativa que apresenta a sequência correta:

a) V, F, V.
b) F, V, V.
c) V, V. V.
d) F, F, F.
e) V, V, F.

3) Assinale a alternativa **incorreta**:
   a) Em 1900, o físico alemão Max Planck deduziu heuristicamente uma fórmula para a radiação de corpo negro.
   b) O efeito fotoelétrico ajudou a impulsionar o conceito de partícula na natureza da luz.
   c) Cesar Lattes, cientista brasileiro, foi um dos descobridores de uma nova partícula atômica.
   d) Marie Curie foi a primeira mulher a ganhar um prêmio Nobel.
   e) Thomson foi agraciado com o Prêmio Nobel por seu trabalho sobre a condução de eletricidade em gases.

4) Analise as afirmações a seguir e indique V para as verdadeiras e F para as falsas.
   ( ) Herschel utilizou um prisma para refratar a luz do Sol e detectou o infravermelho por meio de um aumento na temperatura registrada por um termômetro.

( ) Antes de sua descoberta em 1895, os raios X foram observados por cientistas que investigavam os raios catódicos.

( ) A radiação de nêutrons e nêutrons livres foi descoberta por James Chadwick em 1932.

Agora, assinale a alternativa que apresenta a sequência correta:

a) V, F, F.
b) F, V, F,
c) V, V, V.
d) V, F V.
e) F, F, V.

5) Assinale a alternativa **incorreta** sobre a cientista Marie Curie:
   a) Seu nome de solteira era Marie Skłodowska.
   b) Foi a primeira mulher a ser professora titular da Universidade da Paris.
   c) Uma de suas filhas também ganhou o prêmio Nobel de Química.
   d) Sua nacionalidade era francesa.
   e) Ela passou anos sem poder estudar em razão da impossibilidade de mulheres estudarem em seu país na época.

Postulados críticos em análise

Reflexões evolutivas

1) Pesquise sobre o acidente radiológico de Goiânia em 1987. Busque material jornalístico e discuta sobre as medidas que poderiam ter sido tomadas para que o acidente não tivesse ocorrido.

2) Faça um resumo crítico sobre as diferenças entre as epistemologias de Karl Popper e de Thomas Kuhn.

3) Há muita discussão sobre a utilização de energia nuclear. Pesquise mais sobre o tema e liste os benefícios e os malefícios de sua utilização.

4) A música "Rosa de Hiroshima", de Ney Matogrosso, aborda a utilização das bombas atômicas durante a Segunda Guerra Mundial. Uma bela canção e muito forte. Aprecie-a e pesquise sobre outras músicas que falam sobre esse tema.

Eventos físicos na prática

1) Desenvolva uma história em quadrinhos contando sobre a história da radioatividade, os cientistas que estudaram o tema e suas implicações na tecnologia. Esse material deve adotar uma linguagem simples para que possa ser utilizado em sala de aula na Educação Básica.

O novo átomo e sua dinâmica

Barbara Celi Braga Camargo

5

> *"A coisa mais bela que podemos experimentar é o mistério. Essa é a fonte de toda a verdadeira arte e ciência."*
>
> *(Albert Einstein)*

Como dito anteriormente, não são as respostas, mas as dúvidas que movem a ciência. Chegado o século XX, a ciência ainda tinha muitas questões em aberto.

Neste contexto, vários cientistas, de diversos campos, uniram suas pesquisas numa jornada por uma nova física – uma física nada intuitiva, que, além de transcender os nossos sentidos, foi capaz de desenvolver uma nova matemática.

A física quântica hoje é um dos campos mais explorados pelos não cientistas. Por exemplo, vemos muitos filmes que a usam como justificativa e também muitas pessoas que se utilizam do caráter incompreensível aos leigos em mecânica quântica como base para novas crenças. Segundo Corrêa e Arthury (2021, p. 71): "Culturalmente a quântica também se tornou uma terra de ninguém, onde podemos encontrar a terminologia quântica em diversas obras, no mínimo, duvidosas".

Sobre a mecânica quântica, Velanes (2019, p. 37) sinaliza que o filósofo Bachelard e o físico Heisenberg impõem "que as peculiaridades dos objetos quânticos, que rompem com o saber vulgar, devem constituir mudanças radicais em torno do arcabouço teórico das ciências e da filosofia para que se possa compreendê-los de forma inambígua".

Neste capítulo, abordaremos o nascimento da física quântica, discutindo como questões em aberto impulsionaram a busca de uma nova física e como a física quântica mudou nossa visão sobre a natureza e até a nossa linguagem. Como afirma Velanes (2019, p. 36) "o mundo oculto revelado pela mecânica quântica em nada se aproxima com o mundo da vida comum estudado pela mecânica clássica".

5.1 Postulados de Bohr e seu sucesso fenomenológico

Apesar de amplamente discutido desde os gregos, o átomo ainda era um enigma no escopo do século XIX. O físico britânico Joseph John Thomson (1856-1940) fez o primeiro grande avanço na compreensão dos átomos em 1897 e, na ocasião, descobriu que estes continham pequenas partículas carregadas negativamente, nomeados de *elétrons*. Thomson pensou que os elétrons flutuavam em um caldo carregado positivamente dentro da esfera atômica. Seu aluno Ernest Rutherford deu continuidade à investigação sobre a composição dos átomos (Heilbron, 1981).

Rutherford foi quem, 14 anos depois, questionou a representação do átomo de seu mentor, quando descobriu em experimentos que o átomo deveria ter um pequeno núcleo carregado positivamente em seu centro. De acordo com o modelo de Rutherford, o átomo tinha um pequeno núcleo central, que continha a maior parte da massa do átomo. Ao redor desse núcleo, os elétrons giravam de maneira semelhante aos planetas em órbita (Heilbron, 1981).

Entretanto alguns questionamentos persistiram, como a probabilidade de os elétrons não colapsarem ao núcleo.

Figura 5.1 – Diagrama do modelo atômico de Bohr

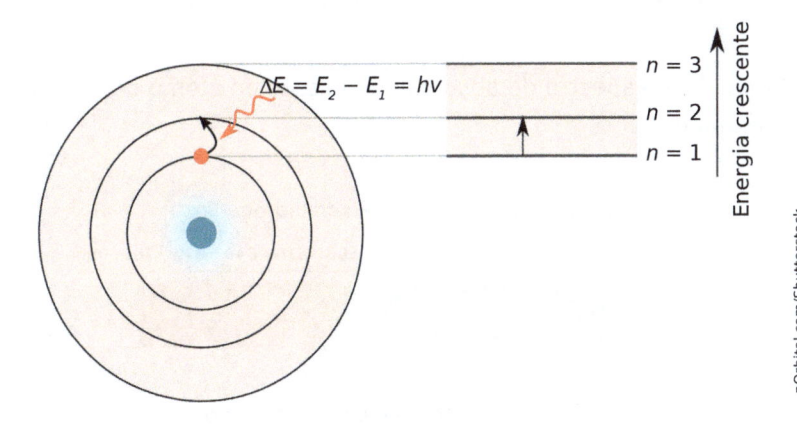

$$\Delta E = E_2 - E_1 = h\nu$$

$n = 3$
$n = 2$
$n = 1$

Energia crescente

pOrbital.com/Shutterstock

De acordo com Olszewski (2016), Bohr foi o cientista responsável por explicar a relação entre a distância do elétron ao núcleo, a energia do elétron e a luz absorvida pelo átomo de hidrogênio usando a constante de Planck. Como brevemente comentado no capítulo anterior, a constante de Planck foi resultado da investigação do físico alemão Max Planck sobre as propriedades da radiação eletromagnética de um objeto hipotético chamado *corpo negro*.

No começo do século XX, Planck deu "o pontapé inicial" para uma nova era da física. Em seus estudos, ele notou que a radiação, tal qual a luz, não é emitida como um contínuo, mas sim como pacotes discretos de energia. Esses pacotes teriam valores determinados, os quais seriam sempre múltiplos de um valor específico, que mais tarde foi denominado *constante de Planck*. Os pacotes de energia foram chamados de *quantas*, dando o nome a uma nova área da física: a física quântica.

Figura 5.2 – Espectro de absorção e emissão do átomo de hidrogênio

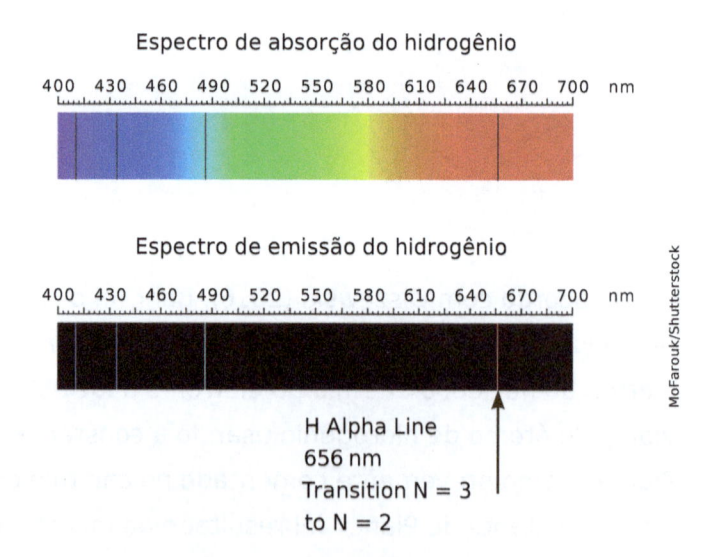

Espectro de absorção do hidrogênio

Espectro de emissão do hidrogênio

H Alpha Line
656 nm
Transition N = 3
to N = 2

Para Bohr, um elétron não desliza entre órbitas de modo gradual ou livre, mas faz saltos discretos quando atinge um nível de energia específico. Usando seu modelo, Bohr conseguiu calcular as linhas espectrais que os átomos de hidrogênio absorvem. Esse resultado veio de encontro a uma das grandes questões em aberto no começo do século XX: como os átomos emitiam e absorviam luz. O modelo de Bohr revelou que os elétrons em um átomo só podem ter certos valores de energia e que, quando um elétron muda de um nível de energia para outro, ele emite ou absorve um fóton com uma frequência específica (Olszewski, 2016).

Contudo, o modelo de Bohr era completamente fenomenológico e se mostrou ineficaz para átomos mais complexos que os de hidrogênio. Existem duas razões pelas quais o modelo de Bohr não funciona para átomos com mais de um elétron (Olszewski, 2016):

1. a interação de vários átomos torna sua estrutura de energia de difícil predição;
2. não considera a dualidade onda-partícula.

Pela mecânica quântica, não é possível saber a velocidade e a posição de um elétron no mesmo instante de tempo. Ou seja, de maneira muito resumida, explicamos por que a física determinista perdeu espaço e a probabilística assumiu o protagonismo.

A partir das propriedades das partículas recém-descobertas na época, os cientistas iniciaram um trabalho de melhoria do modelo atômico de Bohr. Assim, surgiu o modelo de átomo da mecânica quântica, muito mais elaborado que o modelo proposto por Bohr.

Era um período de incertezas que contribuiu para o acelerado crescimento do conhecimento científico.

As teorias "disputavam" seus limites e Borh recorreu aos conceitos da tradicional física clássica para descrever os fenômenos da física quântica. Segundo Velanes (2019, p. 39), grifo do original:

> O **princípio de complementaridade** (ou **princípio de correspondência**), de Bohr, buscou solucionar o problema entre linguagem matemática e linguagem usual na física quântica. Esse princípio diz que as descrições dos fenômenos quânticos devem ser estabelecidas dentro do arcabouço conceitual da física clássica. Deste modo, de acordo com Bohr, as duas linguagens (física clássica e física quântica) devem ser compreendidas como complementares.

Bohr teve também um papel importante durante a Segunda Guerra Mundial. Em razão da ocupação nazista na Dinamarca, ele se exilou na Inglaterra e depois mudou-se com a família para os Estados Unidos, onde iniciou um trabalho como consultor no Laboratório de Energia Atômica de Los Alamos.

Enquanto estava nos Estados Unidos, soube que muitos cientistas estavam trabalhando na construção da bomba atômica. Bohr, compreendendo a gravidade da situação e o perigo que essa bomba poderia trazer à humanidade, dirigiu-se a Churchill e Roosevelt, em um apelo para evitar sua construção. Infelizmente, sua tentativa foi em vão, e não apenas as bombas foram construídas, mas também lançadas sobre o Japão em 1945.

Com o fim da Segunda Grande Guerra, Bohr retornou para a Dinamarca e, em 1950, redigiu a "Carta Aberta" às Nações Unidas, em defesa da preservação da paz, condição por ele considerada como indispensável para a liberdade de pensamento e de pesquisa.

5.2 As hipóteses de De Broglie e os experimentos que corroboram a onda-partícula

Louis de Broglie (1892-1987) propôs, em 1924, uma nova hipótese para o comportamento das partículas, hoje conhecida como *hipótese das ondas de matéria de De Broglie*. Em 1926, a hipótese de De Broglie, juntamente à teoria quântica inicial de Bohr, levou ao desenvolvimento de uma nova teoria da mecânica quântica ondulatória para descrever a física dos átomos e partículas subatômicas. A mecânica quântica abriu o caminho para novas invenções e tecnologias de engenharia, como *laser* e ressonância magnética (Ling; Sanny; Moebs, 2019).

De acordo com Ling, Sanny e Moebs (2019), a hipótese de De Broglie propõe que toda matéria exibe propriedades ondulatórias e relaciona o comprimento de onda observado da matéria ao seu momento (observe que *momento* é uma propriedade de partícula). Depois que a teoria do fóton de Albert Einstein já estava aceita, a questão posta para a física tornou-se: se isso era verdade apenas para a luz ou se os objetos materiais também exibiam um comportamento ondulatório.

Figura 5.3 – Modelo de átomo proposto por De Broglie

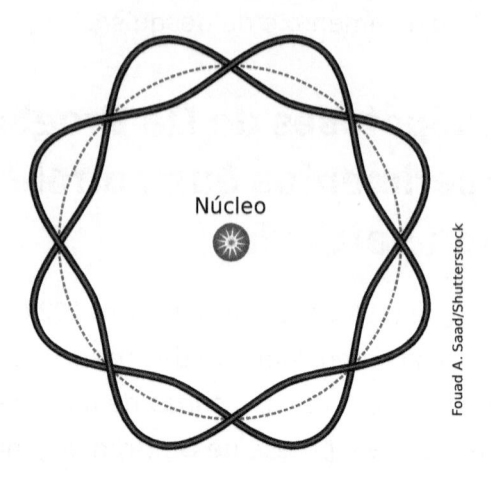

Núcleo

Fouad A. Saad/Shutterstock

Após realizarem um experimento em que elétrons eram disparados em direção a um alvo cristalino de níquel, os físicos Clinton Davisson (1881-1958) e Lester Germer (1896-1971) encontraram um padrão de difração similar ao exposto por De Broglie em sua teoria. Com isso, De Broglie recebeu o Prêmio Nobel de 1929 por sua teoria, e Davisson e Germer ganharam em conjunto em 1937 pela comprovação experimental da teoria de De Broglie (Ling; Sanny; Moebs, 2019).

Com esse trabalho, De Broglie mostrou que tanto radiação quanto matéria podem receber o mesmo tratamento ondulatório, desde que se aplique corretamente o comprimento de onda de De Broglie. Ou seja, De Broglie conjecturou que todas as partículas têm propriedades de onda, sendo seus comprimentos de onda dados pela mesma fórmula que os fótons. Essa descoberta foi fundamental para o desenvolvimento da mecânica quântica

5.3 Mecânicas quânticas de Heisenberg e de Schrödinger: em busca de uma interpretação coerente

De 1925 a 1927, três novas versões equivalentes da mecânica quântica foram propostas, estendendo a teoria de Bohr-Sommerfeld. Essas novas teorias foram:

1. a mecânica matricial de Werner Heisenberg (1901-1976);
2. a mecânica ondulatória de Erwin Schrödinger (1887-1951);
3. a teoria da transformação de Paul A. M. Dirac (1902-1984).

A última é uma versão mais geral, que inclui ambas as outras versões. Os três físicos receberam prêmios Nobel de Física em uma única cerimônia de premiação em Estocolmo, em 1933. Heisenberg recebeu o prêmio de 1932 e Dirac e Schrödinger dividiram o prêmio de 1933 (Kojevnikov, 2021).

Heisenberg pode ser considerado o primeiro mecânico quântico, pois até 1925 não havia uma teoria quântica coerente com uma base formal matemática sólida.

Até então, a física quântica ainda era uma coleção de suposições.

Foi em 1925 que Heisenberg desenvolveu a primeira versão da mecânica de matriz quântica, por meio da qual a localização e a intensidade das linhas espectrais do gás hidrogênio incandescente poderiam ser formalmente calculadas.

Porém, a mecânica matricial de Heisenberg provou ser um formalismo difícil, não fornecendo nenhuma visão sobre os mecanismos subjacentes e apenas produzindo resultados discretos. Isso, é claro, era perfeitamente consistente com os valores discretos observados para os comprimentos de onda no espectro do hidrogênio (Kojevnikov, 2021).

No entanto, não se engane com o termo *apenas*, como se essa conquista fosse menor para a construção da ciência, pois a física usa a matemática como sua principal linguagem para a descrição do comportamento da natureza, então a contribuição de Heisenberg foi tão fundamental quanto a dos demais cientistas seus contemporâneos.

Com base em seus cálculos, Heisenberg argumentou que o elétron orbitando o núcleo não era apenas "não observável", mas também "não visualizável", e que talvez tal órbita não existisse realmente. Nesse período, ele estava trabalhando em Göttingen sob a direção de Max Born. Quando Heisenberg comunicou seu novo resultado,

Born percebeu que a matemática envolvendo matrizes de números era um assunto conhecido como *álgebra matricial*.

Born, com seu aluno Pascual Jordan (1902-1980) e Heisenberg, elaborou uma teoria completa dos átomos e suas transições, conhecida como *mecânica matricial*. Born também percebeu que a matriz era uma amplitude de probabilidade, cujo quadrado absoluto era uma probabilidade de transição. Isso significava que a lei para combinar probabilidades na mecânica quântica era totalmente diferente daquela da teoria clássica da probabilidade.

Em 1927, Heisenberg formulou seu famoso princípio da incerteza, o qual diz que existe uma relação inversa fundamental entre a precisão com que o momento p (massa × velocidade) pode ser medido e a localização da partícula.

O termo *fundamental* se refere ao fato de que sua incerteza não é resultado de imperfeições em nossos instrumentos de medição; é um limite que a natureza impõe às nossas medidas de objetos físicos.

Sobre essa questão, Velanes (2019, p. 39) expõe que, para explicar os fenômenos quânticos, Heisenberg aceitou o princípio de complementaridade de Bohr, ainda que não deixasse "de reconhecer que o emprego dos conceitos clássicos, nas descrições dos fenômenos quânticos, sempre abre uma margem ambígua que pode levar a contradições".

5.4 Mais sobre as mecânicas quânticas de Heisenberg e de Schrödinger

A teoria de Schrödinger foi baseada em uma ideia que o físico francês Louis de Broglie apresentou em seu doutorado. Em 1926, Schrödinger publicou o que hoje é conhecido como *equação de Schrödinger* para a mecânica quântica. Schrödinger procurou e encontrou sua famosa equação porque percebeu que o modelo de onda eletrônica de De Broglie para um hidrogênio com um único elétron não poderia explicar por que o átomo de hidrogênio não era plano, mas uma esfera. Procurando uma solução para uma onda estacionária tridimensional que se espalhava esfericamente ao redor do núcleo, concluiu que a solução para sua equação descrevia a carga espalhada do elétron em forma de nuvem (Kojevnikov, 2021).

Schrödinger não estava satisfeito com as diferentes implicações da física quântica. Assim, buscou demonstrar o "absurdo" da física quântica, ideia em que se entende que haja uma onda de probabilidade na qual cabem todas as possibilidades, mas que só uma é realizada fisicamente. Para isso, após a medição, ele inventou seu notório experimento mental do gato fechado em uma caixa com um frasco de veneno.

Devido ao estado quântico do conteúdo da caixa, o gato estaria em um "estado de possibilidades" de estar vivo ou de estar morto – situação da qual só "escaparia" quando um observador abrisse a caixa.

Figura 5.4 – O gato de Schrödinger

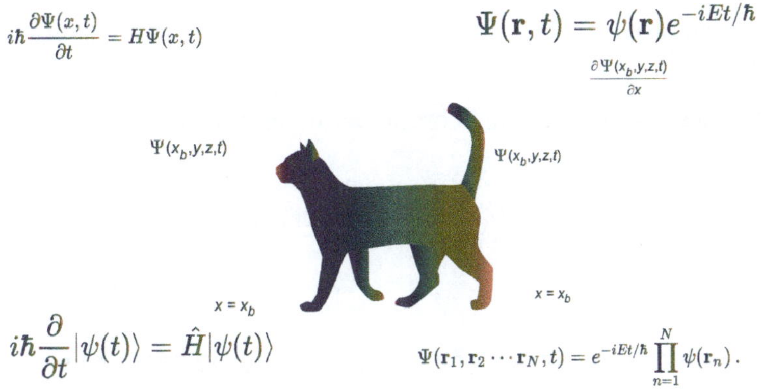

$$i\hbar \frac{\partial \Psi(x,t)}{\partial t} = H\Psi(x,t)$$

$$\Psi(\mathbf{r},t) = \psi(\mathbf{r})e^{-iEt/\hbar}$$

$$\frac{\partial \Psi(x_b,y,z,t)}{\partial x}$$

$\Psi(x_b,y,z,t)$

$\Psi(x_b,y,z,t)$

$x = x_b$

$x = x_b$

$$i\hbar \frac{\partial}{\partial t}|\psi(t)\rangle = \hat{H}|\psi(t)\rangle$$

$$\Psi(\mathbf{r}_1,\mathbf{r}_2\cdots\mathbf{r}_N,t) = e^{-iEt/\hbar}\prod_{n=1}^{N}\psi(\mathbf{r}_n)$$

cybermagician/Shutterstock

A mecânica matricial de Heisenberg produz resultados concretos e a solução da equação de Schrödinger descreve uma onda que pode assumir todos os valores possíveis em qualquer ponto do espaço e do tempo. Então, pareciam teorias incompatíveis, da mesma forma que partículas e ondas não são descrições compatíveis da realidade. Mas, ao final, ficou demonstrado que ambas as abordagens da mecânica quântica são matematicamente equivalentes (Kojevnikov, 2021).

A teoria de Schrödinger fundiu os aspectos de partículas e ondas dos elétrons, enfatizando a propriedade de onda ao introduzir uma "função de onda", muitas vezes denotada pela letra grega *psi* (ψ), que é uma função do espaço e do tempo e obedece a uma equação diferencial chamada *equação de Schrödinger*. *Psi* tem a propriedade de que seu quadrado absoluto, em determinado tempo e lugar, representa a probabilidade por unidade de volume de encontrar o elétron naquele momento (Kojevnikov, 2021).

Figura 5.5 – Equação de Schrödinger na forma diferencial

$$H(t)|\psi(t)\rangle = i\hbar \frac{d}{dt}|\psi(t)\rangle$$

Embora as proposições (imagens) de Heisenberg e de Schrödinger sejam totalmente diferentes, Schrödinger provou que suas consequências experimentais eram idênticas. Em 1926, o físico inglês Paul Dirac (1902-1984) mostrou que ambas as imagens poderiam ser obtidas a partir de uma versão mais geral da mecânica quântica, chamada de *teoria da transformação*, baseada em uma generalização da mecânica clássica.

Em 1929, Heisenberg e Wolfgang Pauli (1900-1958) publicaram os fundamentos da teoria quântica relativística. Com esse feito, uma base teórica sólida foi finalmente lançada para a mecânica quântica. Agora, eles até tinham duas maneiras diferentes de fazer previsões da mecânica quântica. Heisenberg salientou que foi por meio da teoria quântica que se evidenciaram as "mudanças mais fundamentais com relação ao conceito de realidade, e é na forma final dessa teoria que as novas ideias da física moderna se concentraram e se cristalizaram" (Heisenberg, 2007, p. 33, tradução nossa).

5.5 Ideia da mecânica quântica relativística: segunda grande unificação da física

Começando por volta de 1927, Dirac iniciou o processo de unificação da mecânica quântica com a relatividade especial, propondo a equação de Dirac para o elétron. A equação de Dirac alcança a descrição relativística da função de onda de um elétron. Ela prevê o *spin* do elétron e levou Dirac a prever a existência do pósitron. Era o início da eletrodinâmica quântica (Kojevnikov, 2021).

Dirac também foi pioneiro no uso da teoria do operador, incluindo a influente notação *bra-ket*, conforme descrito em seu famoso livro de 1930. Durante o mesmo período, o húngaro John von Neumann (1903-1957) formulou a base matemática rigorosa para a mecânica quântica, como a teoria dos operadores lineares nos espaços de Hilbert, descrito em seu livro de 1932 (Helayël-Neto, 2018).

Em seus trabalhos, Dirac apresentou três grandes resultados:

1. a existência dos monopolos magnéticos;
2. uma solução para o fenômeno de quantização da carga elétrica que antecipa a existência da antimatéria (que neste trabalho corresponde aos pósitrons descobertos em 1932);
3. a previsão dos antiprótons (que viriam a ser descobertos somente em 1956).

O Prof. Dirac foi um dos agraciados com o Prêmio Nobel de Física de 1933 pela suas "descobertas na teoria atômica" (Helayël-Neto, 2018).

A influência do tratado de Dirac *The Principles of Quantum Mechanics*, publicado em 1930, foi comparada por Helge Kragh ao *Principia Mathematica* de Newton (Helayël-Neto, 2018).

Dirac teve também um grande papel na história da ciência brasileira: foi orientador de doutorado da primeira doutora em física, Sonja Ashauer, no início de 1948, em Cambrigde.

Figura 5.6 – Sonja Ashauer

Infelizmente, Sonja partiu prematuramente em decorrência de uma pneumonia no mesmo ano de sua defesa, já no Brasil (Saitovitch et al., 2015).

Epistemologia física em tópicos

Vejamos, a seguir, as principais ideias abordadas neste capítulo.

- Novos modelos atômicos:
  - o átomo de Thompson apresentou a presença dos elétrons (negativos) envolvidos por um meio positivo;
  - o modelo de Ruthenford trouxe a ideia de um núcleo central menor e positivo;
  - o átomo planetário de Bohr trouxe a ideia de que a migração de um elétron de uma órbita para outra seria um processo quantizado.
- Resolução de problemas em aberto, cuja física clássica foi incapaz de solucionar; tais como:
  - a radiação de corpo negro cujo comportamento experimental divergia dos resultados previstos teoricamente;
  - espectros de absorção de emissão de elementos químicos;
  - o efeito fotoelétrico descrito por Einstein em 1905.
- Rompimento com a física clássica e a criação da mecânica quântica:
  - apenas os sentidos humanos não são capazes de explicar a natureza;

- a física passou de determinística para probabilística;
- a inserção da dualidade onda-partícula na explicação para a natureza da luz;
- a necessidade não só de uma nova física, mas também de uma nova matemática e de uma nova linguagem;
- o princípio da incerteza de Heisemberg, que descreve os limites que a natureza impõe na medida de objetos físicos;
- a equação de Schrödinger vinculada à nuvem de probabilidades;
- a unificação da física quântica à relatividade por Dirac, criando a eletrodinâmica;
- a abertura para novos avanços tecnológicos.

Física cultural em foco

EINSTEIN and Eddington. Direção: Philip Martin. Reino Unido, 2008. 86 min.

Albert Einstein é certamente o cientista mais famoso de todos os tempos. Já Arthur Stanley Eddington é um excelente astrônomo observacional e um talentoso divulgador da ciência que quase passa despercebido pelos livros.

No entanto, sem a expedição de Eddington para observação do eclipse Solar de 1919, que forneceu provas iniciais da relatividade geral, as descobertas de Einstein poderiam ter definhado por anos antes de se tornarem mundialmente conhecidas.

O filme *Einstein e Eddington* trata mais dos aspectos humanos de ambos os cientistas, e não apenas de suas descobertas. O foco principal do filme é a vida de seus protagonistas durante a dura Primeira Guerra Mundial. Tanto Einstein quanto Eddington eram pacifistas, o que causou a ambos dificuldades consideráveis, e suas respectivas lutas para superar a amargura da guerra são emocionantes.

No início da guerra, Einstein se recusa a assinar uma carta alinhando a ciência alemã com o exército alemão, apesar da pressão de Max Planck (interpretado por Donald Sumpter). A decisão de Eddington de se corresponder com Einstein, apesar da xenofobia oficialmente sancionada, também exigiu muita coragem. Tanto Einstein quanto Eddington escaparam por pouco da prisão no final da guerra, embora o filme encubra esse pedaço da história.

É difícil encaixar uma guerra mundial, uma revolução científica e as complexas vidas pessoais de dois protagonistas em uma hora e meia. Por outro lado, o filme faz um bom trabalho ao retratar as lutas éticas dos cientistas em tempos de guerra, que devem ser levados para nós como aprendizado mesmo em tempos de relativa paz.

FETTER-VORM, J. **Trinity**: a história em quadrinhos da primeira bomba atômica. São Paulo: Três Estrelas, 2014.
O livro é um relato do Projeto Manhattan e os bombardeios atômicos de Hiroshima e Nagasaki e explora a

cadeia de eventos posteriores. O título surge do codinome *Trinity*, dado ao local no qual foram feitos os testes da primeira arma nuclear.

O livro é escrito como uma "obra de história", embora Fetter-Vorm escreva no final do livro "na maioria das vezes, os diálogos dos personagens principais deste livro são retirados de registros escritos. Quando isso era impossível, eu introduzi uma linguagem que se aproxima do que aprendi sobre esses personagens ao longo de minha pesquisa". Ele ainda fornece uma bibliografia das obras que consultou na criação do livro.

O livro é uma ótima adaptação histórica, além de ter uma arte gráfica excelente. Por mais que muitos ainda vejam histórias em quadrinho como uma leitura infantil, diversos artistas e escritores usam esse formato para escrever histórias complexas e, assim, por meio da arte gráfica, trazer mais impacto visual para os leitores. É o caso de *Trinity*, que aborda um tema obscuro como o da bomba nuclear.

O início da narrativa é profunda, com a analogia de Prometeu, que tirou o fogo dos deuses e o deu à humanidade: "conhecimento para o qual não estávamos preparados". Ao fim, o autor nos chama para uma reflexão: "Se a radiação fosse de alguma forma visível... veríamos esse poder em todos os lugares que olhássemos. Nós a veríamos na sujeira, em nossos ossos, no ar e na água... E lembraríamos que essa força atômica é uma força da natureza. Tão inocente quanto um terremoto. Tão alheio quanto o Sol. Vai durar mais que nossos sonhos."

Esse livro nos traz novamente os questionamentos da ética na ciência: Qual o papel do cientista na preservação do nosso planeta? Qualquer ato ou descoberta vem com uma responsabilidade por aqueles que nos cercam?

Elementos em teste

1) As modificações instituídas no seio da física foram:
   a) uma verdadeira ruptura com o pensamento científico e filosófico da modernidade.
   b) determinísticas e de fácil entendimento para qualquer pessoa.
   c) incapazes de serem aplicadas à física clássica.
   d) irrelevantes para a matemática e a filosofia.
   e) probabilísticas e intuitivas.

2) A partir do modelo atômico instituído por Bohr, analise as afirmativas a seguir e indique V para as verdadeiras e F para as falsas.
   ( ) O modelo de Bohr foi capaz de explicar a radiação de corpo negro, estudada por Planck anos antes.
   ( ) Os elétrons têm plena liberdade de se mover em todo átomo.
   ( ) Bohr foi capaz de calcular as linhas espectrais que os átomos de hidrogênio absorveriam.

Agora, assinale a alternativa que apresenta a sequência correta:

a) V, F, V.
b) F, V, V.
c) V, V. V.
d) F, F, F.
e) V, V, F.

3) Assinale a alternativa **incorreta**:

a) A constante de Planck foi resultado da investigação do físico alemão Max Planck sobre as propriedades da radiação eletromagnética.
b) Foi o químico britânico John Dalton que, no início do século XIX, reviveu as ideias dos antigos gregos de que a matéria era composta de partículas microscópicas e indivisíveis chamadas *átomos*.
c) Heisenberg recebeu o prêmio Nobel em 1932, e Dirac e Schrödinger dividiram o prêmio em 1933.
d) C. J. Davidson, L. H. Germer e G. P. Thomson mostraram a existência de ondas de elétrons em experimentos.
e) Thomson propôs, em 1904, seu famoso modelo ondulatório de partícula.

4) Analise as afirmativas a seguir e indique V para as verdadeiras e F para as falsas.
( ) Dirac introduziu a notação de *bra-ket* à física quântica.
( ) A lei para combinar probabilidades na mecânica quântica era totalmente diferente daquela da teoria clássica da probabilidade.
( ) A hipótese de De Broglie propôs que nem toda a matéria exibe propriedades ondulatórias.

Agora, assinale a alternativa que apresenta a sequência correta:

a) V, F, F.
b) V, V, F.
c) F, V, F,
d) V, F, V.
e) F, F, V.

5) Assinale a alternativa que apresenta uma tecnologia na qual não há aplicação direta da física quântica:
a) Raio-X.
b) *Lasers* de precisão.
c) Energia nuclear.
d) Asas dos aviões.
e) Celular.

Postulados críticos em análise

Reflexões evolutivas

1) Liste quais as principais revoluções que a física quântica proporcionou para a ciência e a sociedade.

2) Redija um texto sobre o papel ético do cientista na sociedade. Quais as responsabilidades de uma pessoa com conhecimento avançado em relação à sua comunidade?

3) A pseudociência tem se expandido nos últimos anos. Crenças como a Terra plana têm ocupado mais espaço. Discuta possibilidades de frear a propagação de ideias anticientíficas.

4) Pesquise relações entre as descobertas científicas e a influência destas para as artes, como pintura, música, literatura, entre outras.

Eventos físicos na prática

1) A física quântica é uma área que enfrenta dificuldades em sua abordagem didática no ensino médio em razão do nível de abstração envolvido. Prepare uma aula voltada aos adolescentes com o objetivo de possibilitar a introdução da mecânica quântica para esse público.

Problemas atuais e a continuidade das quebras de paradigmas

Barbara Celi Braga Camargo

6

> "O nitrogênio em nosso DNA, o cálcio em nossos dentes, o ferro em nosso sangue, o carbono em nossas tortas de maçã foi feito no interior das estrelas em colapso. Somos feitos de material de estrelas."
>
> (Carl Sagan)

O avanço científico trouxe novidades na matemática e em tecnologias inovadoras que nos ajudaram a desvendar alguns mistérios, mas que também ampliaram nossas dúvidas.

O século XX nos trouxe a expansão do Universo, no sentido literal e figurado. Novos corpos celestes foram descobertos, e a existência de outros universos paralelos foi proposta. A ciência se abriu como uma obra de ficção científica, dando asas à imaginação de maneiras antes inimagináveis. Bonita e poética, a ciência não quer mais se prender a nenhuma barreira ou fronteira. Buracos negros, buracos brancos, multiversos e um novo tempo surgiram.

Neste capítulo, exploraremos a física atual presente em assuntos de maior evidência nas pesquisas. De acordo com a perspectiva histórico-cultural adotada nesta obra, passaremos juntos por elementos da história e da evolução desses conceitos transformados e transformadores ocorridos no último século, como a relatividade, os buracos negros e as ondas gravitacionais e como essas ideias se relacionam historicamente.

Em seguida, abordaremos a nova física molecular e de partículas – área que se sofisticou com o estabelecimento de um modelo atômico muito mais complexo e completo do que imaginávamos no início do século XX. Com vários campos da ciência em plena expansão, os pesquisadores voltaram a buscar a possibilidade de que essas teorias se complementassem, na intenção de unificar vários campos. Essa já era a ideia de Albert Einstein quando propôs a unificação do modelo-padrão e da relatividade geral.

Também analisaremos mais um pouco das teorias quânticas atuais e a complexa teoria das cordas.

Encerraremos o capítulo com a cosmologia moderna – área que se dedica a explicar como as leis físicas e a própria natureza podem se modificar dependendo do Universo em que você está; como nossa visão (ou os limites do nosso conhecimento?) nos engana; e, especialmente, que há muito ainda a ser descoberto no escuro do Universo.

Convidamos você para manter a mente aberta, pois, neste momento, muita abstração será necessária.

Figura 6.1 – Imagem de uma simulação de buraco negro

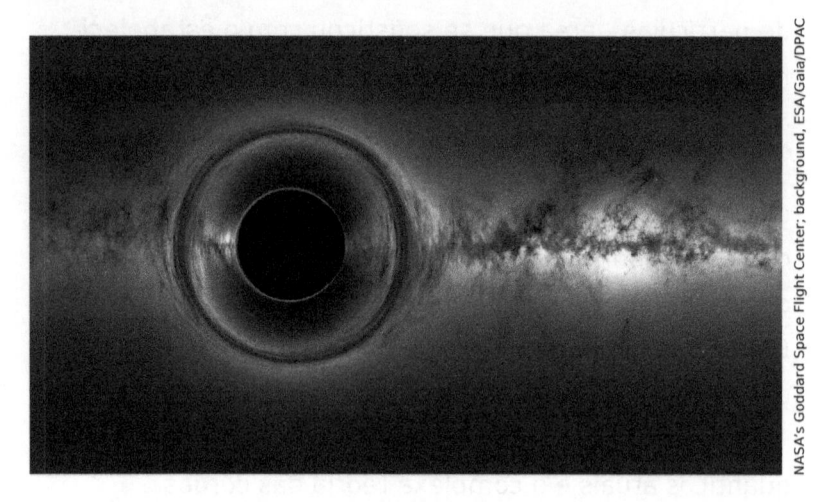

NASA's Goddard Space Flight Center; background, ESA/Gaia/DPAC

6.1 Relatividade geral, buracos negros e ondas gravitacionais

Após a publicação da teoria da relatividade especial em 1905, Einstein começou a pensar em como incorporar a interação gravitacional em sua nova teoria (O'Connor; Robertson, 1996).

Mas apenas em 25 de novembro de 1915 ele apresentou o artigo "Die Feldgleichungen der Gravitation" ("As equações de campo da gravitação") à Academia Prussiana de Ciências. Esse artigo, o último de uma série de quatro, marcou a primeira formulação consistente de sua teoria geral da relatividade, uma tarefa que desafiou Einstein por quase uma década (Gribbin, 2015).

Entre os físicos, a teoria da relatividade geral é considerada a maior obra de Einstein e um dos grandes triunfos da ciência do século XX. Ao substituir a lei da gravidade de "ação à distância" de Newton por uma nova e revolucionária visão da gravidade como uma curvatura do espaço-tempo, Einstein lançou as bases para nossa visão moderna do mundo nas maiores escalas do Universo (Gribbin, 2015).

De acordo com os conhecimentos da época, Einstein assumiu um universo estático, adicionando um novo parâmetro às suas equações de campo originais. Esse elemento era a constante cosmológica (Einstein, 1917).

Em 1929, no entanto, o trabalho de Hubble e outros mostrou que nosso Universo está se expandindo. As soluções descritas por Friedmann em 1922 descreveram a expansão sem utilizar a constante cosmológica. Essa solução foi usada por Lemaître para a formulação do primeiro modelo do Big Bang (Hubble, 1929). Einstein afirmou que a constante cosmológica foi o maior erro de sua vida (Gamow, 1970).

Mesmo em tempos de uma "nova ciência", ou, de acordo com a teoria de Kuhn, em tempos de ciência revolucionária, a validação dos "postulados" ainda era necessária. E foi em 1919, em uma expedição liderada por Eddington para a observação de um eclipse Solar total, que se confirmou a previsão da relatividade geral para a deflexão da luz das estrelas pelo Sol durante o evento (Kennefick, 2005). Um dos locais de observação foi a cidade de Sobral no Nordeste do Brasil. Há vários relatos sobre a passagem de Einstein pelo Brasil nessa época e como fomos fundamentais para a confirmação de sua teoria.

Subrahmanyan Chandrasekhar (1910-1995) notou que a relatividade geral exibe o que Francis Bacon (1561-1626) chamou de "estranheza na proporção" – o que pode ser entendido como a percepção de que o objeto de pesquisa traz em si motivo de admiração e surpresa. A relatividade uniu conceitos fundamentais, como espaço e tempo, relacionados à matéria e ao movimento. Conceitos considerados totalmente independentes antes da concepção da teoria da relatividade (Chandrasekhar, 1984).

Segundo Engler (2002, p. 39, tradução nossa), "outros elementos de beleza associados à teoria geral da relatividade são sua simplicidade e simetria, a maneira pela qual incorpora invariância e unificação e sua consistência lógica perfeita".

Figura 6.2 – A primeira imagem de um buraco negro no centro da galáxia M87 tirada pelo Event Horizon Telescope

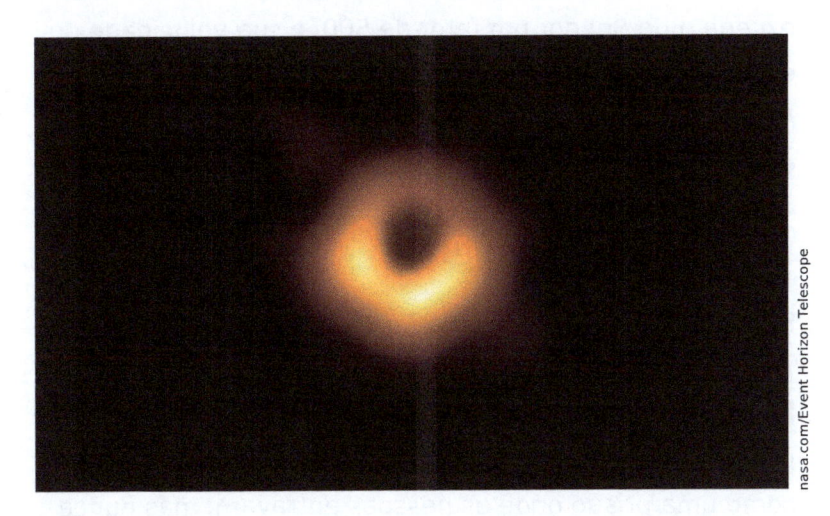

A imagem mostra um anel brilhante formado à medida que a luz se curva na intensa gravidade em torno de um buraco negro com 6,5 bilhões de vezes a massa do Sol.

De acordo com Gribbin (2016, p. 156, tradução nossa): "o astrofísico Karl Schwarzschild encontrou a primeira solução exata não trivial para as equações de campo de Einstein em 1916. Essa solução lançou as bases para a descrição dos estágios finais do colapso gravitacional e dos objetos conhecidos hoje como buracos negros".

O astrônomo inglês e clérigo John Michell foi o primeiro a propor a ideia de um corpo tão grande que nem mesmo a luz poderia escapar, ideia exposta em uma carta publicada em novembro de 1784. Segundo Schaffer (1979, p. 42, tradução nossa): "Michell assumiu que tal corpo poderia ter a mesma densidade que o Sol, e concluiu que se formaria quando o diâmetro de uma estrela excede o do Sol por um fator de 500, e sua velocidade de escape na superfície excede a velocidade usual da luz". Ainda conforme Schaffer (1979, p. 42), Michell denominou esses corpos celestes de *estrelas escuras*.

6.1.1 Buracos negros

Segundo Thorne (1994, p. 123-124, tradução nossa), "o termo 'buraco negro' teria sido cunhado pelo físico Robert H. Dicke, que no início da década de 1960 comparou o fenômeno ao Buraco Negro de Calcutá, notório como uma prisão onde as pessoas entravam, mas nunca saíam vivas".

O surgimento de um buraco negro pode acontecer quando uma estrela extremamente massiva morre. Em razão da grande quantidade de matéria colapsando no núcleo da estrela moribunda, cria-se uma singularidade, um ponto muito pequeno com uma massa muito grande.

Observe como a perspectiva epistemológica nos estimula a discutir de um ângulo particular os eventos científicos. No parágrafo anterior, fica claro como o período de revolução científica só acontece atrelado ao período de "ciência normal", que lhe dá estabilidade e confiabilidade.

Quando há a colisão de objetos massivos, tais quais os buracos negros, são produzidas fortes ondas gravitacionais.

As ondas gravitacionais são essencialmente distúrbios de maré que se propagam pelo espaço. Ao passar por um objeto, eles o esticam em uma direção e o comprimem em outra, analogamente ao que as forças de maré lunares fazem com a Terra.

Embora Einstein tenha previsto a existência de ondas gravitacionais em 1916, a primeira prova de sua existência aconteceu em 1974 (quase 60 anos após a primeira previsão). Dois astrônomos, ao usarem o Observatório de Rádio Arecibo em Porto Rico, descobriram um pulsar binário, exatamente o tipo de sistema que a relatividade geral previu que deveria irradiar ondas gravitacionais.

Em 11 de fevereiro de 2016, o Observatório de Ondas Gravitacionais por Interferômetro a Laser (Ligo) detectou ondas gravitacionais produzidas pela fusão de dois buracos negros a mais de um bilhão de anos-luz da Terra.

Ano-luz é uma medida de comprimento referente a distância que a luz percorre no vácuo durante um ano.

6.2 Modelo-padrão e as partículas elementares: o novo atomismo

O modelo-padrão da física de partículas é a teoria que descreve três das quatro forças fundamentais conhecidas no Universo (eletromagnética, interações fracas e fortes, omitindo a gravidade), classificando todas as partículas elementares conhecidas.

Segundo Oerter (2006), a formulação atual do modelo-padrão foi desenvolvida em meados da década de 1970 após a detecção de quarks. A detecção de outras partículas, como o quark top, em 1995, o neutrino tau, em 2000, e o bóson de Higgs, em 2012, trouxeram ainda mais credibilidade para o modelo.

A detecção do bóson de Higgs foi motivo de muita comemoração entre a comunidade científica e aconteceu no Laboratório CERN (European Organization for Nuclear Research), que é um laboratório de pesquisa científica. O CERN foi construído com recursos de muitos países e também desenvolve atividades de ensino – por exemplo, organizar projetos de visitação para professores da educação básica.

Figura 6.3 – Acelerador de partículas do Laboratório CERN, situado na Suíça, onde foi feita a detecção da existência do bóson de Higgs em 2012

Mann (2010, p. 14-15, tradução nossa) expõe que

o desenvolvimento do modelo-padrão foi conduzido por físicos de partículas teóricos e experimentais. O modelo-padrão é um paradigma de uma teoria quântica de campos para os teóricos, exibindo uma ampla gama de fenômenos, incluindo quebra espontânea de simetria, anomalias e comportamento não perturbativo.

Na física de partículas, como pode ser visto em Feynman e Weinberg (1987), são consideradas partículas elementares ou fundamentais as partículas subatômicas não compostas de outras partículas. Essa categoria de partículas, as elementares, incluem os férmions fundamentais como quarks, léptons, antiquarks e antiléptons, bem como os bósons fundamentais, como os bósons de calibre e o bóson de Higgs.

No início do século XX, foram descobertas as primeiras partículas subatômicas: primeiro o elétron e, posteriormente, o nêutron e o fóton. Até o momento foi identificada a existência de cerca de 57 partículas fundamentais.

6.3 O sonho de Einstein na busca de uma teoria unificada: relatividade geral × modelo-padrão

Na física, uma teoria de campo unificada é definida como um tipo de teoria que permite que tudo o que geralmente é pensado como forças fundamentais e partículas elementares seja escrito em termos de um par de campos físicos e virtuais. Segundo McMullin (2002), "com as descobertas modernas da física, as forças não são transmitidas diretamente entre objetos que interagem, mas são descritas e interrompidas por entidades intermediárias chamadas campos".

O objetivo de uma teoria de campo unificada levou a um grande progresso para a futura física teórica, e esse progresso continua acontecendo.

Segundo McMullin (2002), a primeira teoria clássica de campo unificado bem-sucedida foi desenvolvida por James Clerk Maxwell (1831-1879). Até então, eletricidade e magnetismo ainda eram considerados fenômenos não relacionados. Em 1864, Maxwell publicou seu famoso artigo sobre uma teoria dinâmica do campo eletromagnético. Esse foi o primeiro exemplo de uma teoria capaz de abranger teorias de campo anteriormente separadas (ou seja, eletricidade e magnetismo) para fornecer uma teoria unificadora do eletromagnetismo.

Em 1905, Einstein usou a constância da velocidade da luz na teoria de Maxwell para unificar nossas ideias de espaço e tempo na entidade que agora chamamos de *espaço-tempo*. Em 1915, ele estendeu essa teoria especial da relatividade para descrever a gravidade, a relatividade geral, usando um campo para descrever a geometria curva do espaço-tempo quadridimensional (McMullin, 2002).

Nos anos seguintes ao desenvolvimento da teoria geral, um grande número de físicos e matemáticos participaram de uma iniciativa para a unificação das interações fundamentais até então conhecidas.

Em 1963, o físico americano Sheldon Glashow (1932-) propôs que a força nuclear fraca, a eletricidade e o magnetismo poderiam surgir de uma teoria eletrofraca parcialmente unificada. Em 1967, o paquistanês Abdus Salam (1926-1996) e o americano Steven Weinberg (1933-2021) revisaram independentemente a teoria de Glashow, fazendo com que as massas da partícula W e da partícula Z surgissem por quebra espontânea de simetria com o mecanismo de Higgs. Em 1983, os bósons Z e W foram produzidos pela primeira vez no CERN pela equipe de Carlo Rubbia (1934-). Por seus *insights*, Glashow, Salam e Weinberg receberam o Prêmio Nobel de Física em 1979. Rubbia e Simon van der Meer (1925-2011) receberam o Prêmio em 1984 (Goenner, 2004; Goldstein; Ritter, 2003).

Após a demonstração de Gerardus't Hooft (1946-) que as interações eletrofracas Glashow-Weinberg-Salam eram matematicamente consistentes, a teoria eletrofraca tornou-se o modelo para outras tentativas de unificar as forças (Goldstein; Ritter, 2003).

Desde então, várias propostas para grandes teorias unificadas surgiram, embora nenhuma seja atualmente universalmente aceita. O principal problema para o teste experimental de tais teorias é a faixa de energia utilizada, que está muito além do alcance dos atuais aceleradores de partículas (Goldstein; Ritter, 2003). Assim, reiteramos a produção científica como uma atividade humana atrelada às condições materiais e aos recursos tecnológicos.

Os físicos teóricos atuais ainda não formularam uma teoria consistente e amplamente aceita que combine a relatividade geral e a mecânica quântica para formar uma chamada *teoria de tudo*.

6.4 Modelos para uma gravidade quântica: gravidade quântica de laço e o sonho das cordas

A gravidade quântica é um ramo da física teórica que tenta descrever a gravidade de acordo com os princípios da mecânica quântica, segundo os quais os efeitos quânticos não podem ser ignorados como próximos a buracos negros onde os efeitos da gravidade são demasiadamente fortes (Rovelli, 2008).

Rovelli (2008) expõe que três das quatro forças fundamentais da física são descritas dentro da estrutura da mecânica quântica e da teoria quântica de campos: a interação eletromagnética, a interação fraca e a interação forte. A compreensão atual da quarta força, a gravidade, é baseada na teoria geral da relatividade de Einstein, que é formulada dentro de estrutura totalmente diferente da física clássica. No entanto, essa descrição é incompleta: descrever o campo gravitacional de um buraco negro na teoria geral da relatividade tem algumas inconsistências.

Uma das abordagens da gravidade quântica seria a teoria das cordas. Tal teoria é, muitas vezes, referida como uma teoria de tudo e tenta desenvolver uma estrutura que descreva todas as forças fundamentais (Rovelli, 2008).

A teoria da gravidade quântica poderia nos ajudar a entender os comportamentos dos buracos negros e o surgimento do Universo (Rovelli, 2008).

Figura 6.4 – Albert Einstein, em 1925, esteve no Rio de Janeiro e conheceu as instituições científicas brasileiras da época

6.5 Matéria escura, energia escura, universos múltiplos e outros sonhos da física

De acordo com Bertone e Hooper (2018, p. 7, tradução nossa):

> Lord Kelvin estimou o número de corpos escuros na Via Láctea a partir da dispersão da velocidade observada das estrelas que orbitam ao redor do centro da galáxia. Usando essas medidas, ele estimou a massa da galáxia, que ele determinou ser diferente da massa das estrelas visíveis. Lord Kelvin concluiu assim que "muitas de nossas estrelas, talvez a grande maioria delas, podem ser corpos escuros". Em 1906, Henri Poincaré em "A Via Láctea e Teoria dos Gases" usou o termo francês matière obscuro ("matéria escura") ao discutir o trabalho de Kelvin.

Diversos outros cientistas usando diferentes métodos sugeriram a existência da matéria escura, entre eles: Jacobus Kapteyn, em 1922, o sueco Knut Lundmark, em 1930, Jan Oort, em 1932, e o astrofísico suíço Fritz Zwicky, em 1933 (De Swart; Bertone; Van Dongen, 2017).

As primeiras observações de radioastronomia, realizadas por Seth Shostak, mais tarde Astrônomo Sênior do Instituto SETI, mostraram meia dúzia de galáxias girando muito rápido em suas regiões externas – apontando para a existência de matéria escura (De Swart; Bertone; Van Dongen, 2017).

Em trabalhos de Vera Rubin, Kent Ford e Ken Freeman nas décadas de 1960 e 1970 foi mostrado que a maioria das galáxias deve conter cerca de seis vezes mais massa escura do que visível, assim, por volta de 1980, a necessidade de matéria escura foi reconhecida (Overbye, 2016).

Na década de 1980, um grande número de observações apoiou a presença de matéria escura. Bertone, Hooper e Silk (2005, p. 291, tradução nossa) afirmam que, para os "cosmólogos, a matéria escura é composta principalmente por um tipo de partícula subatômica ainda não caracterizada. A busca por esta partícula, por vários meios, é um dos maiores esforços da física de partículas".

Muitas vezes, os termos *matéria escura* e *energia escura* são usados como se significassem a mesma coisa, o que é um equívoco. A energia escura é uma forma desconhecida de energia que afeta as grandes estruturas do Universo. A primeira evidência observacional de sua existência veio de medições de supernovas, que mostraram que o Universo não está se expandindo a uma taxa constante, mas em um processo acelerado (Peebles; Ratra, 2003).

Já comentamos neste capítulo que Einstein usou a constante cosmológica como um mecanismo para obter uma solução para a equação do campo gravitacional que levaria a um Universo estático. Entretanto, em 1929, Hubble mostrou que o Universo estava se expandindo e não era estático como todos imaginavam. Supostamente, Einstein se referiu à constante cosmológica como seu maior erro (Peebles; Ratra, 2003).

Tantos questionamentos persistem sem uma explicação formal em nosso Universo que é impossível aos físicos não imaginarem existir uma situação na qual toda a física que conhecemos pode não ser mais válida, em outro lugar.

O multiverso seria a junção de todos os universos possíveis, ou seja, integraria todas as possibilidades de espaço, tempo, matéria, energia, informação e as leis físicas e constantes que os descrevem.

De acordo com Kragh (2012), os primeiros exemplos registrados da ideia de mundos infinitos existiam na filosofia do antigo atomismo grego, que propunha que mundos paralelos infinitos surgiam da colisão de átomos. No século III a.C., o filósofo Crisipo sugeriu que o mundo expirou e se regenerou eternamente, sugerindo efetivamente a existência de múltiplos universos ao longo do tempo. O conceito de universos múltiplos tornou-se mais definido na Idade Média.

Em Dublin, em 1952, Erwin Schrödinger deu uma palestra em que advertiu jocosamente sua audiência de que o que ele estava prestes a dizer poderia "parecer lunático". Ele disse que, quando suas equações pareciam descrever várias histórias diferentes, essas soluções não eram alternativas, mas todas realmente aconteciam simultaneamente. Esse tipo de dualidade é chamado de *superposição* (Kragh, 2009).

Muito daquilo que se supunha no começo do século XX como ideias restritas as obras de ficção científica acabaram por se configurar ideias aceitas e exploradas pelos cientistas nos últimos 100 anos. Então, estamos vivendo um tempo em que aconteceram diversas quebras de paradigmas, sendo a principal a que aconteceu entre a física clássica e a física moderna.

Figura 6.5 – Universo envolto em fórmulas matemáticas

agsandrew/Shutterstock

A física clássica determinística e baseada nos sentidos humanos ainda nos ampara no cotidiano, porém, como teoria, foi deixada para trás por uma física contemporânea, que nos surpreende e nos encanta mais a cada dia.

6.6 Grandes tecnologias e novos mundos

Esse texto complementar pretende apresentar brevemente algumas pesquisas atuais na área de astronomia, que talvez tenha sido uma das primeiras áreas exploradas pelo homem. Hoje é uma área independente e articulada com a física, a matemática, a química e até com a biologia.

A astronomia evoluiu junto com a humanidade e foi se tornando cada vez mais complexa e interdisciplinar. Os saberes adquiridos a partir dessa ciência contribuíram para o advento de tecnologias como a internet e o GPS, recursos indispensáveis nos dias atuais.

Além de importante, a astronomia também é encantadora. Quem em uma noite estrelada não gosta de admirar o céu? Quem não fica espantado e impressionado com fotos do nosso universo? O cinema, a pintura, a música, a poesia, todos já exploraram a beleza do céu, e só isso já seria motivo suficiente para trazermos um pouco desse tema para os nossos leitores.

6.6.1 Relações entre astronomia e tecnologia

Da mesma forma como reconhecemos que a evolução da ciência é base do desenvolvimento tecnológico, assim também a evolução tecnológica possibilita e até conduz a novas descobertas científicas.

A astronomia, conhecida por ter um forte caráter observacional, viu na tecnologia uma importante possibilidade de expandir sua "visão" – por exemplo, com os recursos computacionais que permitem que os pesquisadores manipulem grande quantidade de informação como nunca antes pensada.

Trabalhar com a infinitude do universo é estimulante e desafiador. Imagine o processo envolvido em se colocar em um computador todos os dados das 300 bilhões de estrelas (isso considerando apenas a Via Láctea). Indo além, se adicionarmos a essas estrelas os dados de planetas, galáxias, asteroides, buracos negros, a quantidade de memória necessária é gigantesca (Camargo, 2020).

Camargo (2020) indica que, como exemplo de evolução científica na área da astronomia articulada aos recursos tecnológicos, podemos citar:

- quando o Large Synoptic Survey Telescope (LSST) entrar em operação, o Observatório Vera C. Rubin, no Chile, poderá coletar 20 *terabytes* de dados a cada noite de observação;
- quando o Square Kilometer Array estiver *on-line* em 2028, se tornará o maior radiotelescópio do mundo, com sítios na Austrália e na África do Sul que gerarão 100 vezes essa quantidade, até 2 *petabytes* (PB) diários (para termos um parâmetro de comparação, cerca de 10 bilhões de fotos numa rede social ocupam por volta de 1,5 PB).

O LSST mapeará quase metade do céu em um período de 10 anos. O telescópio tem um espelho com 8,4 metros de diâmetro e sua câmera é um mosaico de CCDs (Charge-Coupled Device, ou, em português, dispositivo de carga acoplada) com 3,2 bilhões de *pixels*. Ao final do projeto, estima-se que existam cerca de 37 bilhões de estrelas e galáxias, pesquisando um volume sem precedentes do universo e gerando cerca de 100 PB de dados.

Figura 6.6 – Espelho principal do LSST, com um diâmetro de 8,4 metros

Howard Lester/Zuma Press/Fotoarena

Uma quantidade tão grande de dados é de grande valia para os cientistas, porém, manipular e analisar tanta informação é um enorme desafio. Primeiramente, há a questão do armazenamento. A nuvem de dados é a solução para esse problema de infraestrutura. Em termos muito simples, computação em nuvem significa armazenar e acessar dados e programas pela internet, e não no disco rígido de um computador, ou seja, os dados podem ser acessados de qualquer lugar do mundo (Choi, 2020).

Além da questão do armazenamento, temos a complexa análise de dados. Os pesquisadores que usarem o LSST poderão analisar todo o conjunto de dados de maneira remota em servidores hospedados no Centro Nacional de Aplicativos de Supercomputação em Urbana, Illinois (em vez de usar seus próprios computadores). Isso será feito a partir de programas escritos e executados na linguagem de programação Python (Camargo, 2020).

6.6.2 Exoplanetas

Na astronomia, uma das áreas com maior crescimento na última década é a pesquisa em exoplanetas. Exoplanetas são planetas que estão em outros sistemas que não o Sistema Solar. A primeira confirmação de exoplaneta aconteceu em 1995 e o número de descobertas foi aumentando nos últimos anos graças à evolução tecnológica (Camargo, 2016).

Apesar da descoberta de um exoplaneta ter ocorrido apenas ao final do século XX, no século XVI, o filósofo italiano Giordano Bruno, um dos primeiros defensores da teoria copernicana, apresentou a hipótese visionária de que as estrelas seriam semelhantes ao Sol e também seriam acompanhadas por planetas.

No século XVIII, a mesma possibilidade foi mencionada por Isaac Newton. Fazendo uma comparação com os planetas do Sol, ele escreveu: "E se as estrelas fixas são os centros de sistemas semelhantes, todas elas serão construídas de acordo com um projeto semelhante e sujeitas ao domínio de Um" (Newton; Cohen; Whitman, 1999, p. 940, tradução nossa).

Desde a primeira descoberta, anunciada em 1991, a *Encyclopedia of Extrasolar Planets* listou um total de 5.125 exoplanetas confirmados. A primeira descoberta publicada, que recebeu confirmação tardia, foi feita em 1988 pelos astrônomos canadenses Bruce Campbell, G. A. H. Walker e Stephenson Yang, da University of Victoria e da University of British Columbia. Os pesquisadores foram extremamente cautelosos em reivindicar uma detecção planetária. Suas observações de velocidade radial indicaram que o planeta estava orbitando a estrela Gamma Cephei. Em parte, porque as observações estavam no limite dos instrumentos na época, os astrônomos permaneceram céticos sobre isso e fizeram observações semelhantes por vários anos antes de realmente confirmar tais descobertas.

Em 2019, Michel Mayor e Didier Queloz, da Universidade de Genebra, na Suíça, foram laureados com o prêmio Nobel de Física pela primeira descoberta de um planeta fora do sistema solar, um exoplaneta, a orbitar uma estrela semelhante ao Sol. O prêmio foi uma bela surpresa para os cientistas da área.

Os exoplanetas foram descobertos, em sua maioria, em decorrência da bem-sucedida missão Kepler. Antes desses resultados, em sua maioria, os planetas confirmados eram gigantes gasosos comparáveis em tamanho a Júpiter ou maiores, porque eles são mais facilmente detectados pelo método de velocidade radial. Entretanto, os planetas descobertos pela missão Kepler estão principalmente entre o tamanho de Netuno e o da Terra. A quantidade de planetas descobertos mostrou uma diversidade de sistemas inimagináveis e, com isso, trouxe diversas dúvidas sobre as condições necessárias para a formação de cada tipo de sistema.

6.6.3 Sistemas planetários

O Sistema Solar em si já traz diversas incógnitas a respeito da formação dos planetas. O modelo clássico para a formação do Sistema Solar consegue abranger parte desse percurso de formação, porém, muitas lacunas permanecem. Com a descoberta de diversos sistemas planetários, a possibilidade de um modelo único que descreve todo o processo de formação parece extremamente complexa.

Um dos sistemas descobertos foi o sistema HD131399, detectado pelo Very Large Telescope (VLT) com o SPHERE (instrumento que analisa o espectro dos corpos celestes). Até pouco tempo, considerava-se muito difícil um planeta se manter estável em um sistema binário compacto (com duas estrelas relativamente próximas), e o sistema HD131399 não só é um sistema triplo (com três estrelas), mas também conta com um planeta orbitando uma de suas estrelas (Camargo, 2016).

Segundo Camargo (2016), mais um exemplo da diversidade de sistemas foi o sistema de Próxima Centauri, que

> está a apenas 4,2 anos-luz da Terra, o que faz desse sistema, em termos astronômicos, um vizinho muito próximo. A confirmação da existência do planeta pela European Southern Observatory (ESO) trouxe uma animação ainda maior pelo fato do planeta estar na zona habitável (ZH) do sistema. Zona habitável, em resumo, é a região de um sistema onde há possibilidade de existência de água líquida e, por conseguinte, possibilita vida complexa (da maneira que conhecemos). A ZH varia conforme a temperatura e luminosidade da estrela do sistema, por causa disso, sistemas binários ou triplos tem maior dificuldade de ter uma região de habitabilidade, visto que, deve ser considerada a influência de todas as estrelas do sistema.

Enfim, o descobrimento de um planeta tão próximo e com possibilidade de vida deixa qualquer pessoa animada, mas devemos enfatizar que vida complexa como nós conhecemos depende de mais fatores que "água líquida" e a "radiação da estrela".

Apesar de ser uma ideia atraente, a confirmação da existência de vida inteligente nesses planetas ainda é pouco provável.

Atualmente temos um novo grande telescópio em missão, o James Webb Space Telescope (JWST). De acordo com Achenbach (2022),

> como o maior telescópio óptico no espaço, sua capacidade de resolução e sensibilidade infravermelha muito melhoradas permitem que ele visualize objetos muito antigos, distantes ou fracos para o Telescópio Espacial Hubble. Espera-se que isso permita uma grande quantidade de dados que podem auxiliar investigações nos campos da astronomia e cosmologia, como a observação das primeiras estrelas e a formação das primeiras galáxias, e caracterização atmosférica detalhada de exoplanetas potencialmente habitáveis.

O que trouxemos neste texto é apenas uma pequena parte do que é pesquisado na astronomia atual, mas há muitos questionamentos em debate. Cremos que o tema é bastante envolvente e configura um estímulo para sua formação. A história da astronomia é de uma riqueza imensurável, e pesquisar nessa área é uma ponte com a própria história da física.

A física e a astronomia se confundiram por um longo período até que ambas tivessem seus processos e métodos independentes. Já as pesquisas mais recentes, nos vários projetos possíveis, são um convite à produção de uma ciência viva e articulada com a cosmologia.

Epistemologia física em tópicos

Vejamos, a seguir, as principais ideias abordadas neste capítulo.

- Teoria da relatividade geral:
  - teoria formulada por Albert Einstein;
  - foi confirmada pela observação dos eclipses solares.
- Buracos negros:
  - a ideia de um corpo tão grande que a luz não consegue escapar;
  - as evoluções teóricas e matemáticas da ideia de buraco negro e as comprovações observacionais no Universo.
- Ondas gravitacionais e o *status* atual da teoria:
  - as previsões de Einstein e as observações feitas no Observatório de Arecibo e no Observatório LIGO.
- As quatro forças fundamentais da natureza:
  - a evolução do modelo de átomo para um modelo mais complexo;
  - o estudo da física de partículas e suas interações;
  - a descoberta de novas partículas e sua subdivisão em partículas elementares.
- Uma física que une todas as teorias:
  - a ideia de unificação de diversos campos da física moderna;

- a unificação da física quântica com a interação gravitacional;
- a teoria de tudo;
- a junção da relatividade geral e do modelo padrão (adotado pela física de partículas).
- A física contemporânea superando a ficção científica:
  - mistérios do universo em aberto, como a matéria escura e a energia escura;
  - a possibilidade de outros universos e outras dimensões.

Física cultural em foco

INTERESTELAR. Direção: Christopher Nolan. EUA, 2014. 169 min.

O filme apresenta a ciência de uma forma que não é diluída ou ignorada, mas que, segundo os astrofísicos, é completamente plausível. Embora esse fato torne o filme difícil de digerir para os espectadores, o resultado final é um estudo incrível da natureza humana e nosso desejo de sobreviver.

No filme, a disponibilidade de comida está acabando, pois o mundo está ficando superpovoado. A praga das colheitas está ameaçando a própria existência da raça humana. Nolan cai nesse futuro terrivelmente realista, atormentado por tempestades de poeira e o risco de o mundo simplesmente acabar ao seu alcance. Com isso, a nação volta sua atenção para os agricultores e se afasta das ciências e dos engenheiros para salvar o mundo.

No entanto, Joseph Cooper (Matthew McConaughey), que já foi piloto da NASA, descobre que esta, liderada pelo Dr. Brand (Nolan regular Michael Caine) e sua filha Dr. Amelia Brand (Anne Hathaway), descobriu um buraco de minhoca. "Um sistema com três mundos potenciais", segundo Amelia. Algo, ou alguém, deu à raça humana a chance de viver, apresentando-lhes novos planetas em potencial para chamar de lar.

Cooper recebe a decisão aparentemente possível de deixar seus filhos para sempre, potencialmente, ou salvar a humanidade da extinção. Escolhendo o último, ele embarca em uma incrível missão no navio Endurance. Ele, junto com Amelia, Dr. Doyle (Wes Bently) e Dr. Romilly (David Gyasi), parte para avaliar os três mundos a fim de escolher onde começar uma nova civilização.

Enquanto buracos de minhoca e outros mundos parecem obra de ficção científica, a ciência é muito real. Embora, no filme, às vezes, isso fique um pouco confuso, com um pouco de pensamento você pode juntar as peças. Apesar disso, Nolan e o roteiro exibem a natureza humana com toda a sua beleza e destruição.

A CHEGADA. Direção: Denis Villeneuve. EUA, 2016. 116 min.
Muitas vezes, as mulheres cientistas são retratadas de maneira imprecisa em seu campo de atuação, enquanto

ostentam roupas desnecessariamente reveladoras. Há exceções, é claro, é o caso de *A chegada*.

Nesse filme, Louise (Amy Adams) não apenas evita todos esses estereótipos, mas conduz a história toda com um retrato excepcionalmente pensativo de seu personagem linguista. É sua experiência e seu conhecimento que expressam a profundidade do contato alienígena por meio de um ponto de vista distintamente feminino – de fato, o filme é uma reminiscência de *Contato*. É sua experiência que finalmente cria um entendimento entre os "septápodes" e os humanos.

A coreografia do filme é extremamente bela; os septápodes são tão abstratos que são inteiramente simbólicos da xenofobia inerente à humanidade, mas, ao mesmo tempo, tão incrivelmente reais que trazem nossa simpatia para seus destinos (os cientistas os chamam de *Abbott* e *Costello*, em uma homenagem astuta aos grandes comediantes). Claro, como na maioria dos filmes de ficção científica, as falhas e fraquezas da humanidade são colocadas em plena exibição por meio da metáfora da invasão alienígena.

A jornada de Louise e a percepção do tempo linear são relativas, é uma revelação de nível de iluminação.

Elementos em teste

1) Assinale a alternativa que expõe a importância da relatividade geral para o desenvolvimento da ciência moderna e contemporânea:

a) Foi considerada um dos maiores fracassos em suas pesquisas por Einstein.
b) Foi uma das grandes conquistas da ciência no século XX.
c) É incapaz de se relacionar com o resto da física conhecida.
d) É superficial e de fácil entendimento para o público leigo.
e) Seus resultados foram rapidamente esquecidos e não trouxe a simpatia da comunidade como um todo.

2) Assinale a alternativa **incorreta**:
   a) A grande confirmação da existência das ondas gravitacionais só ocorreu em 2006.
   b) O modelo-padrão foi mais explorado após a Segunda Guerra Mundial.
   c) A constante cosmológica foi considerada por Einstein um de seus mais significativos trabalhos.
   d) A possibilidade da existência de buracos negros foi descrita pela primeira vez no século XVIII.
   e) A vinda para o Brasil, em 1925, ajudou Einstein a provar uma de suas mais famosas teorias.

3) Analise as afirmativas a seguir e assinale V para as verdadeiras e F para as falsas.
   ( ) A criação do modelo-padrão foi conduzido apenas por físicos teóricos.

( ) A primeira foto de um buraco negro ocorreu somente em 2019.

( ) A teoria de multiversos e os buracos de minhocas são puramente ficções científicas.

Agora, assinale a alternativa que apresenta a sequência correta:

a) V, F, F.
b) V, V, F.
c) F, V, F,
d) V, F, V.
e) F, F, V.

4) Uma teoria de campo unificada é um tipo de teoria:
   a) que permite que forças fundamentais descrevam todos os sistemas físicos.
   b) que permite que partículas fundamentais descrevam as forças utilizando suas combinações.
   c) que utiliza o eletromagnetismo para explorar as teorias já existentes,
   d) que permite que forças fundamentais e partículas elementares sejam descritas em termos de campos físicos.
   e) que permite que forças fundamentais e partículas elementares sejam descritas em termos de um par de campos físicos e virtuais.

5) Analise as afirmativas a seguir e assinale V para as verdadeiras e F para as falsas.

( ) Einstein tinha como propósito uma unificação de vários campos da física.
( ) A existência de multiversos não tem base científica e apenas é usada na arte ficcional.
( ) A ideia de buracos negros surgiu apenas no século XX com John Michell.

Agora, assinale a alternativa que apresenta a sequência correta:

a) V, F, F.
b) V, V, F.
c) F, V, F.
d) V, F, V.
e) F, F, V.

Postulados críticos em análise

Reflexões evolutivas

1) Pesquise um pouco mais sobre as partículas elementares. Quantas são? Como são chamadas? Quem as descobriu?

2) Em nosso texto, comentamos brevemente sobre teorias como a teoria das cordas e a gravidade quântica. Escolha algum dos temas discutidos neste capítulo e se aprofunde tanto na parte da física quanto na evolução histórico-filosófica desses conhecimentos.

3) Escolha um dos temas abordados e faça os paralelos entre o tema e sua representação no cinema e na literatura. A ciência influência as artes e vice-versa?

4) Discuta sobre as quebras de paradigma que os cientistas têm enfrentado nos últimos 50 anos.

Eventos físicos na prática

1) Procure saber mais sobre a passagem de Einstein pelo Brasil em 1925. Pesquise lugares por onde ele passou e personalidades da época que encontrou. Ao final de sua pesquisa, busque responder: O quanto esse fato impactou a ciência brasileira?

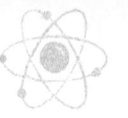

É preciso continuar o percurso

"Nosso modo de participar dos gemidos da criação consiste em uma escuta ativa e uma ação inovadora."
(Paul Ricoeur, citado por Gravatá; Ianae, 2023, p. 3)

Chegamos ao final deste livro confiantes de que a leitura o estimulou a repensar algumas etapas da história da ciência. Nossa expectativa é de que conhecer a perspectiva epistemológica da construção do conhecimento possibilite a interpretação plural dos eventos utilizados como exemplos.

Além dos acontecimentos e autores que citamos, muitos outros podem ser palco de discussões epistemológicas, filosóficas ou científicas. Assim, mais que tudo, entendemos que esta obra é um convite a uma escuta ativa. O aprofundamento e o percurso quem faz é você.

Nesta jornada que ora concluímos, tivemos por objetivo apresentar a ciência na perspectiva histórico-cultural e como construção coletiva do conhecimento humano. Para tanto, articulamos os eventos científicos não só à história, mas também à pintura, ao cinema, à fotografia, sempre ilustrando a relação sólida entre essas diferentes áreas.

Acreditamos que, para nossos leitores em formação – seja como professores, seja como pesquisadores ou tecnólogos –, este livro oportunizou ideias que podem ser exploradas no ambiente profissional. A ciência, a divulgação científica e, especialmente, a educação científica andam carentes de ações inovadoras.

Da mesma forma, cremos que a leitura deste livro pode auxiliar também aqueles que não são profissionais da ciência, mas que buscam nela argumentos racionais para discussões contemporâneas à sua vivência e tão presentes em nossa prática social.

Foi um enorme desafio assumir a autoria de um tema que traz em si o signo da incompletude. Muitos outros assuntos que não figuraram entre os selecionados poderiam também servir de exemplos importantes. No entanto, cada projeto tem seus contornos e limites, e esse aspecto nos impôs sermos criteriosos e corajosos.

Esperamos que nossas escolhas tenham convergido com suas necessidades e expectativas. Agradecemos seu interesse e desejamos ter contribuído para sua formação.

Figura A – Gemidos da Criação

gentilmente cedida por M.S.T.Freitas

Referências

ACHENBACH, J. The Webb Telescope is Astonishing, but the Universe is even more so. **The Washington Post**, 7 Aug. 2022.

ARAGÃO, M. J. **História da física**. Rio de Janeiro: Interciência, 2006.

ARTNET. **Andy Goldsworthy**. Disponível em: <https://www.artnet.com/artists/andy-goldsworthy/>. Acesso em: 10 maio 2023

BAUMAN, Z. **Modernidade líquida**. Tradução de Plínio Dentzien. Rio de Janeiro: Jorge Zahar, 2001.

BELTRAN, M. H. R.; SAITO, F.; TRINDADE, L. S. P. **História da ciência para formação de professores**. São Paulo: Livraria da Física, 2014.

BENSAUDE-VINCENT, B.; STENGERS, I. **História da química**. Lisboa: Piaget, 1992.

BERTONE, G.; HOOPER, D. History of Dark Matter. **Reviews of Modern Physics**, v. 90, n. 4, Oct. 2018.

BERTONE, G.; HOOPER, D.; SILK, J. Particle Dark Matter: Evidence, Candidates and Constraints. **Physics Reports**, v. 405, n. 5-6, p. 279-390, 2005.

BLAINEY, G. **Uma breve história do mundo**. Paulo: Fundamento Educacional, 2008.

BRITO, N. B. et al. História da física no século XIX: discutindo natureza da ciência e suas implicações para o ensino de física em sala de aula. **Revista Brasileira de História da Ciência**, Rio de Janeiro, v. 7, n. 2, p. 214-231, jul./dez. 2014. Disponível em: <https://www.sbhc.org.br/arquivo/download?ID_ARQUIVO=1958>. Acesso em: 10 maio 2023.

CAMARGO, B. C. B. Astronomia e Big Data: o universo dos dados astronômicos. **Cientistas Feministas**, 20 ago. 2020. Disponível em: <https://cientistasfeministas.wordpress.com/2020/08/20/astronomia-e-big-data/>. Acesso em: 10 maio 2023.

CAMARGO, B. C. B. Coluna astronomia: sistema triplo e aliens. **Cientistas Feministas**, 15 set. 2016. Disponível em: <https://cientistasfeministas.wordpress.com/2016/09/15/coluna-astronomia-sistema-triplo-e-aliens/>. Acesso em: 10 maio 2023.

CASSIRER, E. **A filosofia do iluminismo**. Tradução de Álvaro Cabral. Campinas: Ed. da Unicamp,1992.

CESTARI JUNIOR, D. H. **Paul Langevin**: ciência, educação e difusão do conhecimento. 118 f. Tese (Doutorado em História da Ciência) – Pontifícia Universidade Católica de São Paulo, São Paulo, 2020. Disponível em: <https://repositorio.pucsp.br/jspui/bitstream/handle/23971/1/Decio%20Hermes%20Cestari%20Junior.pdf>. Acesso em: 10 maio 2023.

CHANDRASEKHAR, S. The General Theory of Relativity: why 'It is Probably the Most Beautiful of all Existing Theories. **Journal of Astrophysics and Astronomy**, v. 5, p. 3-11, Mar. 1984.

CHAUI, M. **Introdução à história da filosofia**: dos pré-socráticos a Aristóteles. 2. ed. São Paulo: Companhia das Letras, 2002. v. 1.

CHOI, C. Q. Migrating Big Astronomy Data to the Cloud. **Nature**, v. 584, p. 159-160, Aug. 2020.

CORRÊA, A. R.; ARTHURY, L. H. M. Afinal o que é física quântica? Uma história em quadrinhos para uso no ensino médio. **Revista do Professor de Física**, Brasília, v. 5, n. 1, p. 70-96, 2021. Disponível em: <https://periodicos.unb.br/index.php/rpf/article/view/34905>. Acesso em: 10 maio 2023.

DEKOSKY, R. K. William Crookes and the Quest for Absolute Vacuum in the 1870s. **Annals of Science**, v. 40, n. 1, p. 1-18, 1983.

DE SWART, J. G.; BERTONE, G.; VAN DONGEN, J. How Dark Matter came to Matter. **Nature Astronomy**, v. 1, n. 59, Mar. 2017.

EINSTEIN, A. Kosmologische Betrachtungen zur Allgemeinen Relativitätstheorie. **Sitzungsberichte der Preußischen Akademie der Wissenschaften**, Berlin, p. 142-152, Feb. 1917.

ENGLER, G. Einstein and the Most Beautiful Theories in Physics. **International Studies in the Philosophy of Science**, v. 16, n. 1, p. 27-37, 2002.

FEYNMAN, R. P.; WEINBERG, S. **Elementary Particles and the Laws of Physics**: the 1986 Dirac Memorial Lectures. Cambridge: Cambridge University Press, 1987.

GAMOW, G. My World Line: an Informal Autobiography. New York: Viking Press, 1970.

GOENNER, H. F. M. On the History of Unified Field Theories. **Living Reviews in Relativity**, v. 7, n. 1, p. 1-153, Feb. 2004.

GOLDSTEIN, C.; RITTER, J. The Varieties of Unity: Sounding Unified Theories 1920-1930. In: ASHTEKAR, A. et al. (Ed.). **Revisiting the Foundations of Relativistic Physics**. Dordrecht: Kluwer, 2003. p. 93-149.

GRAVATÁ, A.; IANAE, D. **Mistérios da educação**. Disponível em: <https://educacaointegral.org.br/wp-content/uploads/2018/05/misterios-da-educacao.pdf>. Acesso em: 10 maio 2023.

GRIBBIN, J. A Very Brief History of Relativity. **Physics World**, 20 Aug. 2015. Disponível em: <https://physicsworld.com/a/a-very-brief-history-of-relativity/>. Acesso em: 10 maio 2023.

GRIBBIN, J. **Einstein's Masterwork**: 1915 and the General Theory of Relativity. New York: Simon and Schuster, 2016.

GROVE, A. W. Rontgen's Ghosts: Photography, X-Rays, and the Victorian Imagination. **Literature and Medicine**, v. 16, n. 2, p. 141-173, 1997.

HEILBRON, J. L. Rutherford-Bohr atom. **American Journal of Physics**, v. 49, n. 3, p. 223-231, Mar. 1981. Disponível em: <https://www.researchgate.net/publication/241488220_Rutherford-Bohr_atom>. Acesso em: 10 maio 2023.

HEISENBERG, W. **Physics and philosophy**: the Revolution in Modern Science. New York: Harper Perennial Modern Classics, 2007.

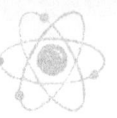

HELAYËL-NETO, J. A. Há 90 anos, Dirac combinava mecânica quântica e relatividade. **Acontece na SBF**, 4 jan. 2018. Disponível em: <https://sbfisica.org.br/v1/sbf/ha-90-anos-fisica-iniciava-o-casamento-entre-a-mecanica-quantica-e-a-relatividade/>. Acesso em: 15 ago. 2023.

HERÁCLITO DE ÉFESO. **Os pré-socráticos**: Heráclito. Tradução de José Cavalcante de Souza et al. São Paulo: Abril Cultural, 1973. p. 79-142. (Coleção Os Pensadores).

HOLTON, G. Centennial Focus: Millikan's Measurement of Planck's Constant. **Physics**, v. 3, Apr. 1999.

HUBBLE, E. A Relation between Distance and Radial Velocity among Extra-Galactic Nebulae. **Proceedings of the National Academy of Sciences of the United States of America**, v. 15, n. 3, p. 168-173, Mar. 1929.

JEANS, J. **The Growth of Physical Science**. Cambridge: Cambridge University Press, 1947.

JONES, B. **The life and letters of Faraday**. London: Longmans, Green and Co., 1870. v. 2.

JORGENSEN, T. J. Marie Curie and her X-Ray Vehicles' Contribution to World War I Battlefield Medicine. **The Conversation**, 2017.

KEITHLEY, J. F. **The Story of Electrical and Magnetic Measurements**: from 500 B. C. to the 1940s. Hoboken: John Wiley and Sons, 1999.

KENNEFICK, D. Astronomers Test General Relativity: Light-bending and the Solar Redshift. In: RENN, J. (Ed.). **Albert Einstein**: Chief Engineer of the Universe – One Hundred Authors for Einstein. Berlin: Wiley-VCH, 2005. p. 178-181.

KOJEVNIKOV, A. Niels Bohr, Rockefeller Postdocs, and the Creation of Quantum Mechanics. **Interview for Stimul – The Russian Journal for Innovation**, Oct. 2021.

KRAGH, H. Contemporary History of Cosmology and the Controversy over the Multiverse. **Annals of Science**, v. 66, n. 4, p. 529-551, Oct. 2009.

KRAGH, H. Quasi-Steady-State and Related Cosmological Models: a Historical Review. **arXiv:1201.3449**, Jan. 2012. Disponível em: <https://arxiv.org/ftp/arxiv/papers/1201/1201.3449.pdf>. Acesso em: 10 maio 2023.

LEICESTER, H. M. **The Historical Background of Chemistry**. New York: Dover, 1971.

LING, S. J.; SANNY, J.; MOEBS, W. **University Physics**. Houston, TX: OpenStax, 2019. v. 3.

LISPECTOR, C. **A hora da estrela**. Rio de Janeiro: Rocco, 1998.

MANN, R. **An Introduction to Particle Physics and the Standard Model**. Boca Raton: CRC Press, 2010.

MARKEL, H. 'I Have Seen My Death': how the World Discovered the X-Ray. **PBS NewsHour**, 2012.

MARTINS, R. de A.; ROSA, P. S. **História da teoria quântica**: a dualidade onda-partícula, de Einstein a De Broglie. São Paulo: Livraria da Física, 2014.

MCMULLIN, E. The Origins of the Field Concept in Physics. **Physics in Perspective**, v. 4, n. 1, p. 13-39, 2002.

MORAIS, P. V. de. **Interferência**. Disponível em: <https://www.iq.unesp.br/Home/Departamentos/FisicoQuimica/laboratoriodefisica/aula-x-interferencia_fis_exp_ii.pdf>. Acesso em: 10 maio 2023.

MYERS, W. G. Becquerel's Discovery of Radioactivity in 1896. **Journal of Nuclear Medicine**, v. 17, n. 7, p. 579-582, 1976.

NEWTON, I.; COHEN, B.; WHITMAN, A. **The Principia**: Mathematical Principles of Natural Philosophy – New Translation and Guide. Berkeley: University of California Press, 1999.

NOVELLINE, R. A. **Squire's Fundamentals of Radiology**. Cambridge: Harvard University Press, 1997.

O'CONNOR, J. J.; ROBERTSON, E. F. General Relativity. **History Topics – Mathematical Physics Index**. Scotland: School of Mathematics and Statistics, University of St. Andrews, 1996.

OERTER, R. **The Theory of Almost Everything**: the Standard Model, the Unsung Triumph of Modern Physics. New York: Penguin Group, 2006.

OKI, M. C. M. Controvérsias sobre o atomismo no século XIX. **Revista Química Nova**, v. 32, n. 4, p. 1072-1082, 2009. Disponível em: <https://www.scielo.br/j/qn/a/r3HHTxb6FvC8bZYchZsMymD/?lang=pt>. Acesso em: 10 maio 2023.

OLSZEWSKI, S. Time of the Energy Emission in the Hydrogen Atom and Its Electrodynamical Background. **Reviews in Theoretical Science**, v. 4, p. 336-352, 2016.

OVERBYE, D. Vera Rubin, 88, Dies; Opened Doors in Astronomy, and for Women. **The New York Times**, 27 Dec. 2016.

PEDUZZI, L. O. Q. **A relatividade einsteiniana**: uma abordagem conceitual e epistemológica. Florianópolis: UFSC/EAD/CED/CFM, 2015a.

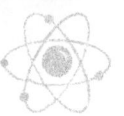

PEDUZZI, L. O. Q. **Evolução dos conceitos da física**: do átomo grego ao átomo de Bohr. Florianópolis: UFSC/EAD/CED/CFM, 2015b.

PEEBLES, P. J. E.; RATRA, B. The Cosmological Constant and Dark Energy. **Reviews of Modern Physics**, v. 75, n. 2, p. 559-606, 2003.

PENROSE, R. **The Road to Reality**: a Complete Guide to the Laws of the Universe. Vancouver: Vintage Books, 2005.

PLANCK, M. **The Theory of Heat Radiation**. 2. ed. P. Blakiston's Son & Co., 1914.

PLUCH, P. Quantum Mechanics: Bell and Quantum Entropy for the Classroom. **Department of Statistics**, Klagenfurt University, 10 Jan. 2007. Disponível em: <http://arxiv.org/pdf/physics/0701125.pdf>. Acesso em: 10 maio 2023.

PLÜCKER, M. Observations on the Electrical Discharge through Rarefied Gases. **The London, Edinburgh, and Dublin Philosophical Magazine and Journal of Science**, v. 16, n. 109, p. 408-418, 1858.

PORTO, C. M. O atomismo grego e a formação do pensamento físico moderno. **Revista Brasileira de Ensino de Física**, v. 35, n. 4, p. 4601-4611, 2013. Disponível em: <https://www.scielo.br/j/rbef/a/gZRXfzzcg7K6BprgxfLxRDR/?lang=pt>. Acesso em: 10 maio 2023.

POSTULADOS da relatividade. Disponível em: <https://propg.ufabc.edu.br/mnpef-sites/relatividade-restrita/postulados-da-relatividade/>. Acesso em: 10 maio 2023.

RAYLEIGH, Lord. Joseph John Thomson. 1856-1940. **Obituary Notices of Fellows of the Royal Society**, v. 3, n. 10, p. 586-609, 1941.

ROMERO, A. L.; CUNHA, M. B. da. A pré-história da lei periódica dos elementos químicos na perspectiva de dois historiadores da química. **Revista Valore**, Volta Redonda, v. 6, p. 1-13, jul. 2021. Disponível em: <https://revistavalore.emnuvens.com.br/valore/article/view/785>. Acesso em: 10 maio 2023.

ROSA, L. P. **Tecnociências e humanidades**: novos paradigmas, velhas questões – a ruptura do determinismo, incerteza e pós-modernismo. São Paulo: Paz e Terra, 2006. v. 2.

ROVELLI, C. Quantum Gravity. **Scholarpedia**, v. 3, n. 5, p. 7117, 2008.

SAGAN, C. **Cosmos**. New York: Random House, 1980.

SAITOVITCH, E. M. B. et al. **Mulheres na** física: casos históricos, panorama e perspectivas. São Paulo: Livraria da Física, 2015.

SCHAFFER, S. John Michell and Black Holes. **Journal for the History of Astronomy**, v. 10, n. 1, p. 42-43, 1979.

SCHULZ, P. A. Duas nuvens ainda fazem sombra na reputação de Lorde Kelvin. **Revista Brasileira de Ensino de Física**, v. 29, n. 4, p. 509-512, 2007. Disponível em: <https://www.scielo.br/j/rbef/a/rsCBz6n6nTMPwHgqXJzBZ5h/abstract/?lang=pt>. Acesso em: 15 ago. 2023.

SCHUSTER, A. The Discharge of Electricity through Gases. **Proceedings of the Royal Society of London**, v. 47, p. 526-559, 1890.

SILVA, L. F. e. **O pluralismo teórico em Ludwig Boltzmann**. 130 f. Dissertação (Mestrado em Ensino, Filosofia e História das Ciências) – Universidade Federal da Bahia, Salvador, 2019. Disponível em: <https://repositorio.ufba.br/bitstream/ri/29752/1/Disserta%C3%A7%C3%A3o%20Leonard%20Silva%20-%20O%20Pluralismo%20T%C3%A9orico%20em%20Ludwig%20Boltzmann.pdf>. Acesso em: 10 maio 2023.

SOARES, M. A. C. P. **A grandeza "quantidade de matéria" e sua unidade "mol"**: uma proposta de abordagem histórica no processo de ensino-aprendizagem. 154 f. Dissertação (Mestrado em Educação para a Ciência e o Ensino da Matemática) – Universidade Estadual de Maringá, Maringá, 2006. Disponível em: <http://repositorio.uem.br:8080/jspui/handle/1/4507>. Acesso em: 12 ago. 2023.

SOUSA JUNIOR, F. A. L.; ROSA, L. P. A transição da física clássica para a física moderna segundo Thomas Kuhn. CONGRESSO SCIENTIARUM HISTÓRIA, 12., 2019, Rio de Janeiro. **Anais...** Rio de Janeiro: UFRJ, 2019. p. 212-218. Disponível em: <http://146.164.248.81/hcte/downloads/sh/sh12/anais_SH_XII.pdf>. Acesso em: 10 maio 2023.

STANTON, A. Wilhelm Conrad Röntgen on a New Kind of Rays: Translation of a Paper Read before the Würzburg Physical and Medical Society, 1895. **Nature**, v. 53, n. 1369, p. 274-276, 1896.

THORNE, K. S. **Black Holes and Time Warps**. New York: W. W. Norton & Company, 1994.

TURNBULL, H. W. (Ed.). **The Correspondence of Isaac Newton**: 1661-1675. London, UK: Royal Society at the University Press, 1959. v. 1.

THE ROYAL SOCIETY. **The Correspondence of Isaac Newton**. Cambridge: Cambridge University Press, 2020. v. I a VII.

VASCONCELOS, S. S.; FORATO, T. C. de M. Niels Bohr, espectroscopia e alguns modelos atômicos no começo do século XX: um episódio histórico para a formação de professores. **Caderno Brasileiro de Ensino de Física**, v. 35, n. 3, p. 851-887, dez. 2018. Disponível em: <https://periodicos.ufsc.br/index.php/fisica/article/view/2175-7941.2018v35n3p851/38048>. Acesso em: 10 maio 2023.

VELANES, D. G. Bachelard e W. Heisenberg: o problema da linguagem na mecânica quântica. **Griot – Revista de Filosofia**, v. 19, n. 3, p. 33-45, out. 2019. Disponível em: <https://docplayer.com.br/202017711-G-bachelard-e-w-heisenberg-o-problema-da-linguagem-na-mecanica-quantica.html>. Acesso em: 10 maio 2023.

VIDEIRA, A. A. P. Breves considerações sobre a natureza do método científico. In: SILVA, C. C. (Org.). **Estudos de história e filosofia das ciências**. São Paulo. Livraria da Física, 2006.

VIDEIRA, A. A. P. Modelo: a noção síntese das concepções filosóficas de Boltzmann. **Scientiae Studia**, São Paulo, v. 11, n. 2, p. 373-380, June 2013. Disponível em: <https://www.semanticscholar.org/paper/Modelo%3A-a-no%C3%A7%C3%A3o-s%C3%ADntese-das-concep%C3%A7%C3%B5es-filos%C3%B3ficas-Videira/094244361b1335906c98b44eb79d83e71d76b642>. Acesso em: 10 maio 2023.

WEISSTEIN, E. W. Radiation. Eric Weisstein's World of Physics. **Wolfram Research**, Retrieved 11 Jan. 2014.

WHITE, M. **Rivalidades produtivas**: disputas e brigas que impulsionaram a ciência e a tecnologia. Tradução de Aluizio Pestana da Costa. Rio de Janeiro: Record, 2003.

ZATERKA, L. Alguns aspectos da teoria da matéria: atomismo, corpuscularismo e filosofia mecânica. In: SILVA, C. C. (Org.). **Estudos de história e filosofia das ciências**: subsídios para aplicação no ensino. São Paulo: Livraria da Física, 2006. v. 1. p. 329-352.

Trajetórias atômicas comentadas

ABALADA, P.; GUERRA, A. Brasileiros e brasileiras e o eclipse de Sobral de 1919: um olhar a partir da história cultural da ciência. In: SEMINÁRIO NACIONAL DE HISTÓRIA DA CIÊNCIA E DA TECNOLOGIA, 17., 2020, Rio de Janeiro. **Anais...** Disponível em: <https://www.17snhct.sbhc.org.br/resources/anais/11/snhct2020/1595256255_ARQUIVO_3d235d67e6c1ef92db6bff55df9b484e.pdf>. Acesso em: 12 ago. 2023.

Comentamos brevemente sobre a vinda de Albert Einstein ao Brasil e sua participação no eclipse Solar de Sobral. Nesse artigo ora indicado, há o aprofundamento sobre o tema no ponto de vista do Brasil. A professora Andreia Guerra, uma das autoras, é uma defensora do ensino de Física sob a perspectiva histórico-cultural da ciência.

BLAINEY, G. **Uma breve história do mundo**. São Paulo: Fundamento Educacional, 2008.

O Capítulo 26 descreve de forma leve, porém fiel e repleta de exemplos, as modificações que a força do vapor trouxe para o mundo do comércio, dos transportes e do cotidiano das famílias. O Capítulo 31 da obra retrata com muita delicadeza a vida antes e depois de que as casas no hemisfério norte tivessem acesso a iluminação e aquecimento, condições que mudaram o estilo de vida.

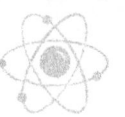

BRITO, P. D. Epistemologia da compreensão: as contribuições de Paul Feyerabend para os estudos da compreensão como método. **Revista Communicare**, v. 15, n. 2, 2015. Disponível em: <https://static.casperlibero.edu.br/uploads/2017/02/Pedro-Debs-Brito-FCL.pdf>. Acesso em: 10 maio 2023.

Esse artigo reúne um pouco das principais ideias desenvolvidas por Feyerabend: a crítica ao dogmatismo do método científico e a sua proposta de um anarquismo científico. É importante para a formação do cientista a leitura dos principais autores da epistemologia da ciência como um dos meios de se evitar a formação dogmática e utilitarista.

CESTARI JUNIOR, D. H. **Paul Langevin**: ciência, educação e difusão do conhecimento. 118 f. Tese (Doutorado em História da Ciência) – Pontifícia Universidade Católica de São Paulo, São Paulo, 2020. Disponível em: <https://repositorio.pucsp.br/jspui/bitstream/handle/23971/1/Decio%20Hermes%20Cestari%20Junior.pdf>. Acesso em: 10 maio 2023.

A tese, de muito agradável leitura, aborda de maneira fundamental a participação do físico Paul Langevin na Campanha Relativística e suas contribuições para a divulgação e a aceitação da Teoria da Relatividade na comunidade científica francesa.

CORRÊA, A. R.; ARTHURY, L. H. M. Afinal o que é física quântica? Uma história em quadrinhos para uso no ensino médio. **Revista do Professor de Física**, Brasília, v. 5, n. 1, p. 70-96, 2021. Disponível em: <https://1library.org/document/ye3jw54q-afinal-o-que-e-fisica-quantica-uma-historia-em-quadrinhos-para-uso-no-ensino-medio.html>. Acesso em: 10 maio 2023.

O artigo traz um pouco da teoria quântica e uma abordagem nova que pode ser utilizada em sala de aula no ensino do tema.

DOXIADIS, A.; PAPADIMITRIOU, C. H. **Logicomix**: uma jornada épica em busca da verdade. Tradução de Alexandre Boide dos Santos. São Paulo: M. Fontes, 2010.

Trata-se de uma graphic novel que narra um pouco da vida de Bertrand Russell, um grande matemático e filósofo. É um livro que tem a parte biográfica, mas também aborda filosofia e matemática. É de fácil entendimento e discute brevemente a jornada percorrida e as ideias defendidas por Russell.

DRUYAN, A.; SAGAN, C. **O mundo assombrado pelos demônios**: a ciência vista como uma vela acesa no escuro. Tradução de Rosaura Eichemberg. São Paulo: Companhia das Letras, 1996.

Mais uma indicação do cientista e divulgador científico Carl Sagan. O livro discute conceitos pseudocientíficos e algumas ideias que nos levam a compreender de maneira mais ampla como a ciência pode ajudar a humanidade. Os autores discutem como tratar as informações de maneira mais crítica. É uma excelente leitura e muito convergente com as demandas contemporâneas de argumentação científica.

FEYNMAN, R. P. **Física em seis lições**. Tradução de Ivo Korytowski. Rio de Janeiro: Ediouro, 2006.

Nessa obra, foram adaptadas seis palestras do curso completo de Richard Feynman, proferidas nos anos de 1961 e 1964. Feynman aborda vários temas da física moderna e contemporânea de forma acessível e amável. É um exemplo clássico de que assuntos complexos podem se tornar compreensíveis quando o objetivo do educador é de fato ensinar.

GORDON, N. **O físico**: a epopeia de um médico medieval. Rio de Janeiro: Rocco, 1986.

O livro conta a saga de um jovem inglês que no século XI busca treinamento e informação para ser médico. No entanto, para alcançar diferentes fontes de conhecimento, ele precisa atravessar a Europa até chegar à Pérsia, saga realizada durante o duríssimo período das Cruzadas. Há ricas descrições de procedimentos e práticas médicas ao mesmo tempo que uma detalhada recriação dos entraves culturais e religiosos, barreiras enfrentadas na aventura que colocam a dedicação e a vocação do personagem principal em choque com suas convicções e aptidões.

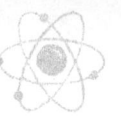

IGNOTOFSKY, R. **As cientistas**: 50 mulheres que mudaram o mundo. Tradução de Sonia Augusto. São Paulo: Blücher, 2017.

O livro apresenta, de modo breve, as contribuições de mulheres cientistas durante toda a história da ciência. Além das histórias, a autora nos delicia com lindas ilustrações. A obra foi um sucesso por todo o mundo e é recomendado para todas as idades.

OKI, M. C. M. Controvérsias sobre o atomismo no século XIX. **Revista Química Nova**, v. 32, n. 4, p.1072-1082, 2009. Disponível em: <https://www.scielo.br/j/qn/a/r3HHTxb6Fv C8bZYchZsMymD/?lang=pt>. Acesso em: 10 maio 2023.

O artigo detalha questões epistemológicas, filosóficas e metodológicas que permearam a discussão científica entre atomistas e não atomistas no século XIX.

PEDUZZI, L. O. Q. **Evolução dos conceitos da física**: do átomo grego ao átomo de Bohr. Florianópolis: Departamento de Física/ UFSC, 2015.

O autor descreve as relações entre os conhecimentos da física e da química que permearam as discussões em torno da natureza do átomo.

PORTO, C. M. O atomismo grego e a formação do pensamento físico moderno. **Revista Brasileira de Ensino de Física**, v. 35, n. 4, 2013. Disponível em: <https://www.scielo.br/j/rbef/a/gZRXfzzcg7K6BprgxfLxRDR/?lang=pt>. Acesso em: 10 maio 2023.

O autor faz uma apresentação do atomismo grego com base em Demócrito, Leucipo e Epicuro, apontando para as possíveis influências diretas ou indiretas na formação do pensamento moderno.

SAGAN, C. **Contato**. Tradução de Donaldson Garschagen. Rio de Janeiro: Guanabara, 1985.

Trata-se de um romance de ficção científica de 1985 do cientista americano Carl Sagan. Ele conta a história de uma cientista, Ellie, que embarca em uma jornada rumo ao contato entre a humanidade e uma forma de vida extraterrestre tecnologicamente mais avançada. Em 1997, foi lançado como filme Contacto, *estrelado por Jodie Foster, e, da mesma forma que o livro que o inspirou, também é muito bem recomendado.*

SAITOVITCH, E. M. B. et al. **Mulheres na física**: casos históricos, panorama e perspectivas. São Paulo: Livraria da Física, 2015.

Vimos brevemente elementos sobre a história da física brasileira Sonja Ashauer e nos perguntamos quantas outras mulheres podem ter sido esquecidas na história da ciência, por isso trouxemos essa sugestão de leitura. A obra traz um debate sobre a questão de gênero na ciência e conta uma pouco mais sobre grandes cientistas mulheres, com destaque à participação de mulheres pioneiras na física no Brasil.

SOARES, M. A. C. P. **A grandeza "quantidade de matéria" e sua unidade "mol"**: uma proposta de abordagem histórica no processo de ensino-aprendizagem. 154 f. Dissertação (Mestrado em Educação para a Ciência e o Ensino da Matemática) – Universidade Estadual de Maringá, Maringá, 2006. Disponível em: <http://repositorio.uem.br:8080/jspui/handle/1/4507>. Acesso em: 12 ago. 2023.

A autora propõe uma abordagem histórico-filosófica para o processo de ensinar e aprender os conceitos encerrados na compreensão da grandeza "quantidade de matéria".

WHITE, M. **Rivalidades produtivas**: disputas e brigas que impulsionaram a ciência e a tecnologia. Tradução de Aluizio Pestana da Costa. Rio de Janeiro: Record, 2003.

O Capítulo 4 retrata os personagens da história com suas características de personalidade e de situação social, elementos esses determinantes para o desenrolar dos eventos que marcaram esse período importante da história da eletricidade.

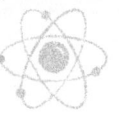

Gabarito magnético

Capítulo 1

Elementos em teste

1) c
2) c
3) a
4) d
5) d

Postulados críticos em análise

Reflexões evolutivas

1) A proposição feita pode ser atendida de variadas formas. Por exemplo, levando para sala de aula notícias veiculadas em jornais/revistas; ou levando a turma a procurar na internet notícias que envolvam questões científicas. Posteriormente, debater com o grupo os conceitos envolvidos de forma democrática, mas deixando transparecer a necessidade de conhecimento para se argumentar e contra-argumentar sobre informações que envolvem ciência. Ao final, o professor precisará sistematizar os conhecimentos envolvidos durante o debate.

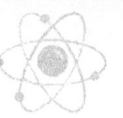

2) De acordo com a natureza da questão, essa é uma resposta livre, uma vez que depende diretamente da vivência do leitor com os livros de química e física, seja como estudante, seja como professor.

Eventos físicos na prática

1) A observação da natureza (seja qual for o objeto de estudo escolhido pelo leitor) pode ser bastante estimulante e levar a pesquisas posteriores, feitas pelo interesse despertado por esta atividade. Por outro lado, é possível que o ato de observar tenha demonstrado como a observação de qualidade é uma ação complexa e que demanda atenção, disposição e curiosidade científica.

Capítulo 2

Elementos em teste

1) a
2) a
3) a
4) a
5) a

Postulados críticos em análise

Reflexões evolutivas

1) Um exemplo de lista poderia ser:
   - aceitação entre os pares;
   - corroboração experimental;
   - convergência com o fenômeno observado;
   - teoria baseada em referências reconhecidas pela comunidade científica;
   - clareza e objetividade.
2) Como o texto solicitado é autoral, não existe exatamente uma expectativa de resposta. No entanto, minimamente o redator do texto deve ser capaz de elencar algumas transformações relacionadas a assuntos como:
   - comunicações (celular, internet, satélites);
   - informações e dados (computadores, *notebooks*, fibra ótica);
   - transportes (trens, aviões, carros, lanchas); médicas (vacinas, anticoncepcionais, antidepressivos, exames laboratoriais e de imagem);
   - sociais (menor número de filhos, maior liberdade de expressão, acesso à educação);
   - econômicas (nova organização do mercado de trabalho, indústrias mecanizadas e eletrônicas).
3) Exemplos de assuntos que podem ser citados:
   - As questões de autoria são difusas na *web* e alguns autores não têm o mesmo compromisso com o leitor que teria numa edição publicada; a riqueza

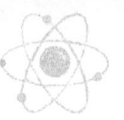

das ilustrações era maior nos materiais impressos e não se reduzia à fotografia.

- As revistas impressas podem ser guardadas e levadas para outros lugares, como para aqueles locais que não têm acesso a internet; podem ser manuseadas; podem ser adequadas a quem trabalha em frente a um computador e prefere outro tipo de leitura; podem ser levadas a um parque ou no ônibus sem riscos de roubo etc.
- Já as publicações eletrônicas têm o dinamismo como marca. Nelas, as ilustrações podem ser animadas, seu custo pode ser "embutido" na manutenção do acesso à internet e, ainda, há a possibilidade de se fazer o download.

4) Depende do local da palestra, pois a idade é apenas um dos critérios de seleção para a abordagem em uma palestra. De maneira geral, é importante abordar assuntos que se relacionem mais diretamente com o interesse dessa faixa etária: música, esportes, tecnologia, acesso ao mundo do trabalho, jogos etc. e articular o elemento escolhido com o assunto principal da palestra. Levar exemplos do cotidiano, imagens, sons etc. também é um ótimo recurso.

Eventos físicos na prática

1) Essa é uma tela que sugere muitas interpretações. Uma referência pode ser o livro *Para entender a Arte*, de Robert Cumming, que faz uma análise minuciosa dessa e de outras obras. No entanto, a arte é para ser

admirada e vivenciada antes de entendida, de modo que todas as observações podem ser elementos estimulantes e enriquecedores.

Capítulo 3

Elementos em teste

1) e
2) c
3) d
4) d
5) e

Postulados críticos em análise

Reflexões evolutivas

1) Um argumento possível seria a "confusão" entre o método científico, que nasceu em Galileu e foi se sofisticando como um processo racional, o cientificismo (a razão como preponderante na análise, de maneira quase absoluta) e o positivismo de A. Comte, que foi a primeira tentativa de sistematizar os conhecimentos da sociologia. Outros argumentos são possíveis, como a relação entre o método científico utilizado como processo nas ciências e que foi parcialmente transferido ou aplicado na educação científica. Pode-se entender que isso contribuiu para que os laboratórios de ensino fossem usados para "verificação de teorias" e, assim, transformassem-se em um

lugar para se repetir experiências de acordo com um roteiro, cujo resultado é sabido de antemão, e não um lugar para a descoberta e a criatividade.

2) Para quem não teve oportunidade de aprender ciência, é importante explicar que a ciência é uma atividade curiosa, que busca respostas para questões gerais que interessam a todos. Ao propor caminhos para se responder a essas perguntas, os cientistas não inventam nem seguem suas opiniões pessoais, mas se detêm em observar e deduzir ideias e, posteriormente, verificar se elas se confirmam na realidade. A história do átomo é um exemplo disso. Por conta de a humanidade ter esse conhecimento, agora podemos compreender o funcionamento dos elementos com os quais temos contato, como os metais, os líquidos etc. e, por meio deles, produzir outras combinações, como os medicamentos, os plásticos etc.

Eventos físicos na prática

1) Se não for possível se deslocar, sugerimos um *tour* virtual. Por exemplo, acessar o Inhotim Virtual.

> A experiência da arte-natureza e do tempo-espaço vai além do físico, do toque. O conhecimento e os sentidos em torno dos acervos são dinâmicos e basta o acesso – mesmo que digital – para serem cocriados. Descubra o Inhotim sem sair de casa. (INHOTIM. Disponível em: <https://www.inhotim.org.br/visite/>. Acesso em: 8 abr. 2023.)

Capítulo 4

Elementos em teste

1) b
2) e
3) b
4) c
5) d

Postulados críticos em análise

Reflexões evolutivas

1) Além de materiais na internet, há um filme que trata sobre o tema. O filme intitulado *Césio 137: o pesadelo de Goiânia*, de 1990, do diretor Roberto Pires, pode ser um bom início da pesquisa.
2) Na monografia *Epistemologias do século XX*, de Neusa Teresinha Massoni, você encontrará um material sobre os autores citados e muitos outros.
MASSONI, N. T. Epistemologias do século XX. **Textos de Apoio ao Professor** de Física, v. 16, n. 3, 2005. Disponível em: <https://www.if.ufrgs.br/tapf/v16n3_Massoni.pdf>. Acesso em: 10 maio 2023.
3) Para início da reflexão, deve-se ter em mente que a utilização da energia nuclear tem pontos positivos e negativos. Por exemplo, não obstante a grande potencialidade de geração de energia como uma das vantagens, a questão da segurança durante a produção dessa energia é um tema muito importante

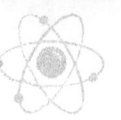

e que pode se tornar uma desvantagem. Ao mesmo tempo, é um tema contemporâneo e que deve ser amplamente discutido, visto que a energia elétrica é cada vez mais fundamental no nosso dia a dia. Sendo assim, todas as formas de geração dessa energia têm seus prós e contras.

4) Na realidade, apesar de termos sugerido a interpretação de Ney Matogrosso, "A Rosa de Hiroshima" é um poema escrito pelo cantor e compositor Vinicius de Moraes. Recebeu esse nome como um protesto sobre as explosões de bombas atômicas ocorridas nas cidades de Hiroshima e Nagasaki, no Japão, durante a Segunda Guerra Mundial.

Eventos físicos na prática

1) A série Guia Mangá oferece uma abordagem de ensino divertida e de fácil entendimento que pode ser usado como inspiração nessa atividade.

Capítulo 5

Elementos em teste

1) a
2) a
3) e
4) b
5) d

Postulados críticos em análise

Reflexões evolutivas

1) Para iniciar essa atividade, podemos citar diversos exemplos que demonstram que a física quântica trouxe uma nova física, com um raciocínio mais abstrato, para o qual a probabilidade é uma das principais ferramentas. Com esse mundo de abstrações, houve diversas mudanças sociais, como aquelas que vieram com a inserção das novas tecnologias, além da ampla exploração feita pela literatura e pelo cinema.

2) Bertrand Russell (1872-1970) foi um dos mais influentes matemáticos, filósofos e lógicos que viveram no século XX. Era inquieto e foi um crítico influente das armas nucleares e da guerra estadunidense no Vietnã. Em 1960, ele escreveu um texto sobre as responsabilidades sociais do cientista, que será de grande ajuda nesta atividade.

3) Uma das formas de entendermos o que são a *pseudociência* e a *ciência* é a aplicação do método científico. O método científico consiste na aplicação de várias fases durante a investigação de um tema. Esse pode ser um caminho para iniciar sua atividade. Busque conhecer mais sobre métodos de validação, por exemplo.

4) Salvador Dalí foi um dos artistas inspirados pela ciência. Fascinado pela relatividade, ele incorporou o conceito em alguma de suas obras pictóricas. O músico Gilberto Gil fez um álbum denominado "Quanta", no qual aborda a ciência, a arte e o homem. Esses são alguns exemplos que retratam influências da ciência na arte, mas existem muitos outros que podem ser encontrados por você, dentro da sua cultura, da sua vivência e das manifestações artísticas que te chamam mais atenção.

Eventos físicos na prática

1) Entre as bibliografias comentadas, há a sugestão da utilização de histórias em quadrinhos para o ensino de física quântica. Esse é um exemplo de abordagem/ferramenta didática que pode ser utilizada na preparação dessa aula.

Capítulo 6

Elementos em teste

1) b
2) c
3) c
4) e
5) b

Postulados críticos em análise

Reflexões evolutivas

1) O livro *O discreto charme das partículas elementares*, de Maria Cristina Batoni Abdalla, aborda a história da física de partículas desde da época dos gregos e pode ser um grande aliado na realização dessa atividade.

2) A teoria das cordas e a gravidade quântica são temas que ainda estão em aberto na física, mas não são os únicos. Pesquisando um pouco mais, você encontrará diversos outros problemas que estão sendo pesquisados atualmente.

3) A relatividade influenciou o famoso pintor Salvador Dalí em algumas de suas obras. Também influenciou o cinema, como no caso da famosa série de TV *Star Trek*. Esses são exemplos que podem inspirar você na resolução dessa questão.

4) O conceito de "quebra de paradigmas" na construção da ciência foi explorado pelo epistemólogo Thomas Kuhn. Quando da instauração da física moderna, diversos paradigmas vieram a ser quebrados, tais como a física determinística, o tempo como uma grandeza imutável e a natureza dual da luz.

Eventos físicos na prática

1) No artigo "Brasileiros e brasileiras e o eclipse de Sobral de 1919: um olhar a partir da história cultural da ciência", dos autores Pedro Abalada e Andreia Guerra, é possível encontrar um discussão sobre esse assunto e aprofundar sua pesquisa:

ABALADA, P.; GUERRA, A. Brasileiros e brasileiras e o eclipse de Sobral de 1919: um olhar a partir da história cultural da ciência. SEMINÁRIO NACIONAL DE HISTÓRIA DA CIÊNCIA E TECNOLOGIA, 17, 2020, Rio de Janeiro. **Anais...** Disponível em: <https://www.17snhct.sbhc.org.br/resources/anais/11/snhct2020/1595256255_ARQUIVO_3d235d67e6c1ef92db6bff55df9b484e.pdf>. Acesso em: 10 maio 2023.

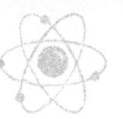

Sobre as autoras

Milene Dutra da Silva é doutora em Educação pela Universidade Federal do Paraná (PPGE/UFPR), mestre em Ensino de Ciências pela Universidade Tecnológica Federal do Paraná (PPGFCET/ UTFPR) e licenciada em Física pela UFPR. Já trabalhou como professora da educação básica; com formação de professores como docente dos cursos de Matemática e de Física em instituições de ensino superior particulares; e como professora substituta do curso de Licenciatura em Física da UFPR. Dedica-se a pesquisar as relações entre física, arte e ensino na perspectiva histórico-cultural da ciência. Ministra disciplinas nas áreas de metodologia do ensino e epistemologia da ciência. Atualmente, trabalha com preparação de material didático para cursos de graduação e pós-graduação, faz orientação acadêmica e atua na gestão de polos educacionais.

  Barbara Celi Braga Camargo é mestre e doutora em Física na área de astronomia dinâmica pela Universidade Estadual Paulista (Unesp), bacharela e licenciada em Física pela Universidade Federal do Paraná (UFPR) e tecnóloga em Análise e Desenvolvimento de Sistemas pela Faculdade de Tecnologia do Estado de São Paulo (Fatec). É pós-doutoranda na área de astronomia pela Unesp, com atuação no Grupo de Dinâmica Orbital e Planetologia (GDOP). Já trabalhou com pesquisa em ensino e na docência do ensino superior nas áreas de Física e Matemática. Tem interesses variados e uma paixão por cinema, artes e história. Dedica-se a debates sobre questões de gênero e participação feminina na ciência. Atualmente, é bolsista do Instituto Nacional de Pesquisas Espaciais, trabalhando na área de Banco de dados.

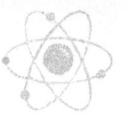

Os papéis utilizados neste livro, certificados por instituições ambientais competentes, são recicláveis, provenientes de fontes renováveis e, portanto, um meio **respons**ável e natural de informação e conhecimento.

FSC
www.fsc.org
MISTO
Papel | Apoiando o manejo florestal responsável
FSC® C103535

Impressão: Reproset